Imagine Infinite!

창의영재수학

아이앤아이

영재들의 수학여행

중급
초등 4~6학년
C
측정
미국 중부편

창의영재수학

아이앤아이

01 수학 여행 테마로 수학 사고력 활동을 자연스럽게 이어갈 수 있도록 하였습니다.

02 키즈 – 입문 – 초급 – 중급 – 고급으로 이어지는 단계별 창의 영재 수학 학습 시리즈입니다.

03 각 챕터마다 기초 – 심화 – 응용의 문제 배치로 쉬운 것부터 차근차 근 문제해결력을 향상시킵니다.

04 각종 수학 사고력, 창의력 문제, 지능검사 문제, 대회 기출 문제 등을 체계적으로 정밀하게 다듬어 정리하였습니다.

05 과학, 음악, 미술, 영화, 스포츠 등에 관련된 융합형(STEAM) 수학 문제를 흥미롭게 다루었습니다.

06 단계적으로 창의적 문제해결력을 향상시켜 영재교육원에 도전해 보 세요.

창의영재가 되어볼까?

교재 구성

	A (수)	**B** (연산)	**C** (도형)	**D** (측정)	**E** (규칙)	**F** (문제해결력)	**G** (워크북)
키즈 (6세 7세 초1)	수와 숫자 수 비교하기 수 규칙 수 퍼즐	가르기와 모으기 덧셈과 뺄셈 식 만들기 연산 퍼즐	평면도형 입체도형 위치와 방향 도형 퍼즐	길이와 무게 비교 넓이와 들이 비교 시계와 시간 부분과 전체	패턴 이중 패턴 관계 규칙 여러 가지 규칙	모든 경우 구하기 분류하기 표와 그래프 추론하기	수 연산 도형 측정 규칙 문제해결력

	A (수와 연산)	**B** (도형)	**C** (측정)	**D** (규칙)	**E** (자료와 가능성)	**F** (문제해결력)	**G** (워크북)
입문 (초1~3)	수와 숫자 조건에 맞는 수 수의 크기 비교 합과 차 식 만들기 벌레 먹은 셈	평면도형 입체도형 모양 찾기 도형 나누기와 움직이기 쌓기나무	길이 비교 길이 재기 넓이와 들이 비교 무게 비교 시계와 달력	수 규칙 여러 가지 패턴 수 배열표 암호 새로운 연산 기호	경우의 수 리그와 토너먼트 분류하기 그림 그려 해결하기 표와 그래프	문제 만들기 주고 받기 어떤 수 구하기 재치있게 풀기 추론하기 미로와 퍼즐	수와 연산 도형 측정 규칙 자료와 가능성 문제해결력

	A (수와 연산)	**B** (도형)	**C** (측정)	**D** (규칙)	**E** (자료와 가능성)	**F** (문제해결력)
초급 (초3~5)	수 만들기 수와 숫자의 개수 연속하는 자연수 가장 크게, 가장 작게 도형이 나타내는 수 마방진	색종이 접어 자르기 도형 붙이기 도형의 개수 쌓기나무 주사위	길이와 무게 재기 시간과 들이 재기 덮기와 넓이 도형의 둘레 원	수 패턴 도형 패턴 수 배열표 새로운 연산 기호 규칙 찾아 해결하기	가짓수 구하기 리그와 토너먼트 금액 만들기 가장 빠른 길 찾기 표와 그래프(평균)	한붓 그리기 논리 추리 성냥개비 다른 방법으로 풀기 간격 문제 배수의 활용

	A (수와 연산)	**B** (도형)	**C** (측정)	**D** (규칙)	**E** (자료와 가능성)	**F** (문제해결력)
중급 (초4~6)	복면산 수와 숫자의 개수 연속하는 자연수 수와 식 만들기 크기가 같은 분수 여러 가지 마방진	도형 나누기 도형 붙이기 도형의 개수 기하판 정육면체	수직과 평행 다각형의 각도 접기와 각 붙여 만든 도형 단위 넓이의 활용	규칙성 찾기 도형과 연산의 규칙 규칙 찾아 개수 세기 교점과 영역 개수 수 배열의 규칙	경우의 수 비둘기집 원리 최단 거리 만들 수 있는, 없는 수 평균	논리 추리 님 게임 강 건너기 창의적으로 생각하기 효율적으로 생각하기 나머지 문제

	A (수와 연산)	**B** (도형)	**C** (측정)	**D** (규칙)	**E** (자료와 가능성)	**F** (문제해결력)
고급 (초6~중등)	연속하는 자연수 배수 판정법 여러 가지 진법 계산식에 써넣기 조건에 맞는 수 끝수와 숫자의 개수	입체도형의 성질 쌓기나무 도형 나누기 평면도형의 활용 입체도형의 부피, 겉넓이	시계와 각도 평면도형의 활용 도형의 넓이 거리, 속력, 시간 도형의 회전 그래프 이용하기	암호 해독하기 여러 가지 규칙 여러 가지 수열 연산 기호 규칙 도형에서의 규칙	경우의 수 비둘기집 원리 입체도형에서의 경로 영역 구분하기 확률	홀수와 짝수 조건 분석하기 다른 질량 찾기 뉴턴산 작업 능률

책의 구성과 활용

단원들어가기

친구들의 수학여행(Math Travel)과 함께 단원이 시작됩니다. 여행지에서 수학문제를 발견하고 창의적으로 해결해 나갑니다.

아이앤아이 수학여행 친구들

전 세계 곳곳의 수학 관련 문제들을 풀며 함께 세계여행을 떠날 친구들을 소개할게요!

무우

팀의 맏리더. 행동파 리더.
에너지 넘치는 자신감과 무한 긍정으로 팀원에게 격려와 응원을 아끼지 않는 팀의 맏형, 솔선수범하는 믿음직한 해결사예요.

상상

팀의 챙김이 언니, 아이디어 뱅크.
감수성이 풍부하고 공감력이 뛰어나 동생들의 고민을 경청하고 챙겨주는 맏언니예요.

알알

진지하고 생각많은 똘똘이 알알이.
겁 많고 부끄럼 많고 소심하지만 관찰력이 뛰어나고 생각 깊은 아이에요. 야무진 성격을 보여주는 앞밤머리와 주근깨 가득한 통통한 볼이 특징이에요.

제이

궁금한게 많은 막내 엉뚱이 제이.
엉뚱한 질문이나 행동으로 상대방에게 웃음을 주어요. 주위의 것을 놓치고 싶지 않은 장난기가 가득한 애력덩어리입니다.

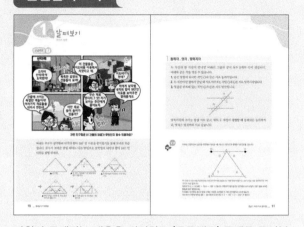

단원의 주제되는 내용을 정리하고 '궁금해요' 문제를 풀어봅니다.

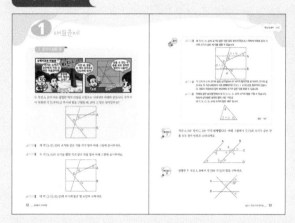

대표되는 문제를 단계적으로 해결하고 '확인하기' 문제를 풀어봅니다.

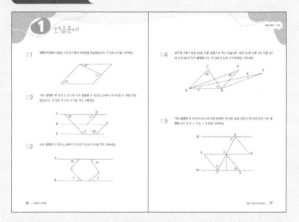

단원살펴보기 및 대표문제에서 익힌 내용을 알차게 구성된 사고력 문제를 통해 점검하며 주제에 대한 탄탄한 기본기를 다집니다.

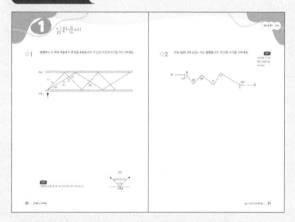

단원에 관련된 문제의 이해와 응용력을 바탕으로 창의적 문제 해결력을 기릅니다.

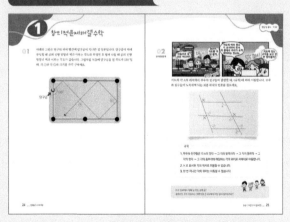

창의력 응용문제, 융합문제를 풀며 해당 단원 문제에 자신감을 가집니다.

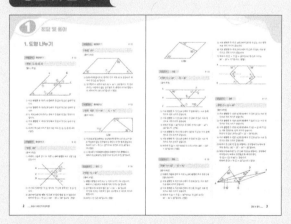

상세한 풀이과정과 함께 수학적 사고력을 완성합니다.

차례
CONTENTS 중급 초등4~6학년 C 측정

삼각자?

삼각자를 이용해서 쉽게 직각을 찾아 수직선과 평행선을 그릴 수 있습니다. 대표적으로 두 가지의 모양의 삼각자가 있습니다. 오른쪽 그림의 두 삼각자는 모두 직각삼각형입니다.
삼각자를 영어로 Set Square 이라고 합니다.

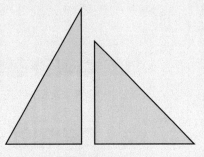

▲ 대표적인 삼각자

왜냐하면 정삼각형과 정사각형을 각각 이등분하면 그림과 같은 두 삼각자를 만들 수 있기 때문입니다. 아래 <정삼각형> 그림과 같이 정삼각형을 이등분하면 합동인 두 직각삼각형이 나옵니다. 이 직각삼각형의 내각은 각각 90°, 30°, 60° 로 위의 대표적인 삼각자 한 개와 같습니다. 아래 정사각형을 이등분하면 합동인 두 직각이등변삼각형이 나옵니다. 이 직각삼각형의 내각은 각각 90°, 45°, 45°로 위의 대표적인 삼각자 중에 한 개와 같습니다.

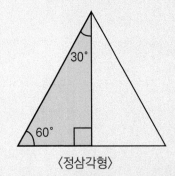

〈정삼각형〉

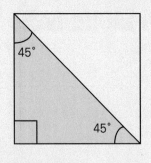

〈정사각형〉

위의 그림과 같이 각도기를 사용하지 않고도 이 두 삼각자를 이용하면 90°, 30°, 60°, 45° 의 특수한 각도를 쉽게 찾을 수 있습니다.

1. 수직과 평행

뉴멕시코 ★

미국 중부
Central United States

미국 중부 첫째 날 DAY 1

무우와 친구들은 미국 중부에 가는 첫째 날 <뉴멕시코주>에
도착했어요 무우와 친구들은 첫째 날에 <산타페>, <뉴멕시코주 미술
관>, <총독 청사>를 여행할 예정이에요 자 그럼 먼저 <산타페>에서
만날 수학 문제에는 어떤 것들이 있을까요?

즐거운 수학여행 출발~!

궁금해요 ?

과연 친구들은 이 건물의 재료가 무엇인지 알수 있을까요?

아래는 무우가 삼각형의 내각의 합이 180° 인 이유를 종이접기를 통해 보여준 모습입니다. 무우가 보여준 방법 외에도 다른 방법으로 삼각형의 내각의 합이 180° 인 이유를 설명하세요.

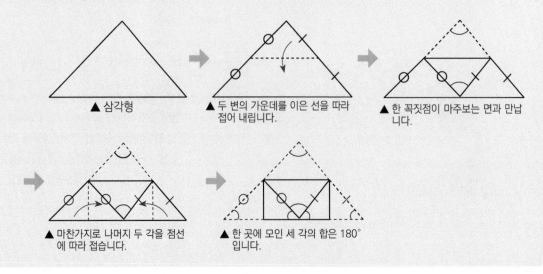

▲ 삼각형

▲ 두 변의 가운데를 이은 선을 따라 접어 내립니다.

▲ 한 꼭짓점이 마주보는 면과 만납니다.

▲ 마찬가지로 나머지 두 각을 점선에 따라 접습니다.

▲ 한 곳에 모인 세 각의 합은 180° 입니다.

1 동위각 , 엇각 , 맞꼭지각

평행한 두 직선 ①, ②와 한 직선이 만나면 아래의 그림과 같이 모두 8개의 각이 생깁니다. 아래와 같은 각을 찾을 수 있습니다.

1. 같은 방향에 위치한 각인 ㉠과 ㉢은 서로 동위각입니다.

2. 두 직선이 한 점에서 만날 때 서로 마주보는 각인 ㉠과 ㉡은 서로 맞꼭지각입니다.

3. 엇갈린 위치에 있는 각인 ㉡과 ㉢은 서로 엇각입니다.

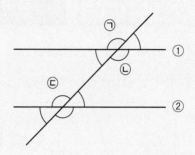

맞꼭지각의 크기는 항상 서로 같고, 위의 두 직선 ①, ②가 평행할 때 동위각은 동위각끼리, 엇각은 엇각끼리 크기가 서로 같습니다.

정답

아래의 그림과 같이 삼각형 ABC에서 꼭짓점 A를 지나고 선분 BC와 평행한 직선 DE를 긋습니다.

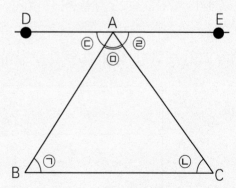

각 ㉠과 각 ㉢는 서로 엇각이므로 각의 크기가 서로 같습니다. 이와 마찬가지로 각 ㉡과 각 ㉣는 서로 엇각이므로 각의 크기가 서로 같습니다.

따라서 각 ㉢ + 각 ㉤ + 각 ㉣ = 180° 가 됩니다. 무한이가 종이접기로 삼각형의 내각의 합이 180° 임을 보여준 방법과 다른 방법입니다.

이외에도 사각형의 내각의 합을 구하는 방법은 사각형을 두 개의 삼각형으로 나누면 됩니다.

따라서 (사각형의 내각의 합) = (삼각형의 내각의 합) × 2 = 180° × 2 = 360° 가 됩니다.

1 대표문제

두 직선 A, B가 서로 평행한 벽의 모양을 도형으로 나타내면 아래와 같습니다. 무우가
이 벽화의 각 ㉠부터 ㉣까지의 합을 구했을 때, 과연 그 합은 얼마일까요?

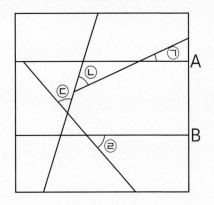

Step 1 세 각 ㉠, ㉢, ㉣의 크기와 같은 각을 각각 찾아 아래 그림에 표시하세요.

Step 2 두 각 ㉠, ㉡의 크기를 합한 각과 같은 각을 찾아 아래 그림에 표시하세요.

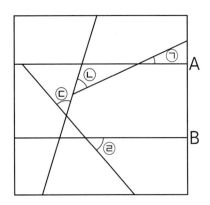

Step 3 네 각 ㉠, ㉡, ㉢, ㉣의 크기의 합은 몇 도인지 구하세요.

Step 1 세 각 ㉠, ㉢, ㉣의 크기와 같은 각은 모두 맞꼭지각입니다. 따라서 아래와 같이 각 각의 크기가 같은 세 각을 찾을 수 있습니다.

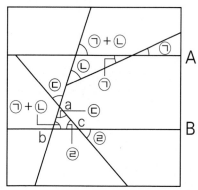

Step 2 각 ㉠과 각 ㉡의 크기의 합은 삼각형에서 두 내각의 합이므로 한 외각의 크기와 같습니다. 두 직선 A와 B가 서로 평행하므로 각 (㉠ + ㉡)과 같은 동위각이 있습니다. 삼각형 abc에서 각 (㉠ + ㉡)과 크기가 같은 각을 찾을 수 있습니다.

Step 3 삼각형 abc 안에서 네 각 ㉠, ㉡, ㉢, ㉣의 크기의 합을 구할 수 있습니다. 따라서 삼각형의 내각의 합이 180° 이므로 네 각 ㉠, ㉡, ㉢, ㉣의 크기의 합은 180° 입니다.

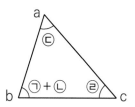

정답 : 180°

직선 A, B와 직선 C, D는 각각 평행합니다. 아래 그림에서 각 ㉠과 크기가 같은 각을 모두 찾아 번호로 나타내세요.

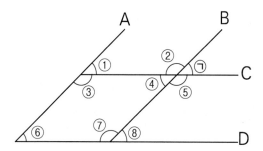

평행한 두 직선 A, B에서 각 ㉠과 각 ㉡의 합을 구하세요.

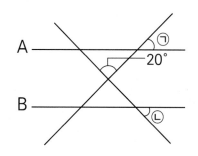

2. 도형과 평행 활용

4개의 정사각형이 붙어있고, 아래 그림처럼 대각선이 그어져 있을 때, 세 각 ㉠, ㉡, ㉢의 합을 구하세요.

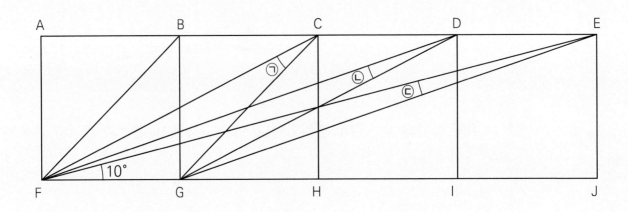

Step 1 각 FBG, 각 AFB의 크기를 각각 구하세요.

Step 2 각 FCH의 크기가 같은 각을 찾아 아래 그림에 표시하세요.

Step 3 위의 그림에 대각선 DG, EG와 평행한 대각선을 각각 구한 후 엇각을 이용하여 세 각 ㉠, ㉡, ㉢의 합을 구하세요.

풀이

Step 1 전삼각형 ABF는 직각이등변삼각형입니다. 따라서 각 FBG와 각 AFB의 크기는 45°로 똑같습니다.

Step 2 각 FCH는 각 ㉠ + 각 GCH를 합한 각입니다. 각 GCH는 Step 1 과 같이 45° 입니다. 선분 BF와 선분 CG가 서로 평행하므로 각 ㉠은 각 BFC와 서로 엇각입니다.

Step 3 대각선 DG와 대각선 CF는 서로 평행입니다. 따라서 각 ㉡과 각 DFC는 서로 엇각입니다. 대각선 EG와 대각선 DF는 서로 평행입니다. 따라서 각 ㉢과 각 EFD는 서로 엇각입니다. 아래와 같은 정사각형 AFGB에서 , 각 BFG에서 10° 를 빼면 세 각 ㉠, ㉡, ㉢를 합한 값이 나옵니다.
따라서 세 각 ㉠, ㉡, ㉢를 합한 각의 크기는 45° – 10° = 35° 입니다.

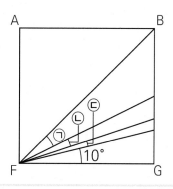

정답 : 35°

확인하기 1

등변사다리꼴에 선분을 그어 삼각형과 사각형을 만들었습니다. 각 ㉠과 각 ㉡의 크기를 각각 구하세요.

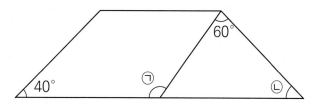

확인하기 2

사다리꼴에 선분을 그어 두 개의 삼각형을 만들었습니다. 각 ㉠과 각 ㉡의 크기를 각각 구하세요.

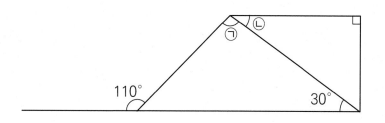

01 평행사변형에 선분을 그어 삼각형과 사각형을 만들었습니다. 각 ㉠의 크기를 구하세요.

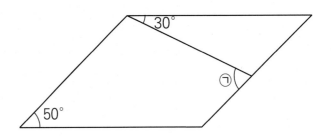

02 서로 평행한 세 직선 A, B, C와 서로 평행한 두 직선 D, E에서 사다리꼴 두 개를 만들었습니다. 각 ㉠과 각 ㉡의 크기를 각각 구하세요.

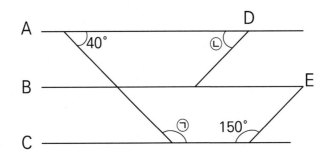

03 서로 평행한 두 직선 A, B에서 각 ㉠과 각 ㉡의 크기를 각각 구하세요.

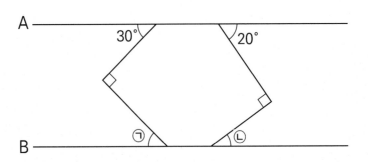

04 삼각형 3개가 선분 AB를 공통 밑변으로 하고 있습니다. 선분 AC와 선분 DB, 선분 AD 와 선분 BE가 각각 평행합니다. 각 ㉠과 각 ㉡의 크기의 합을 구하세요.

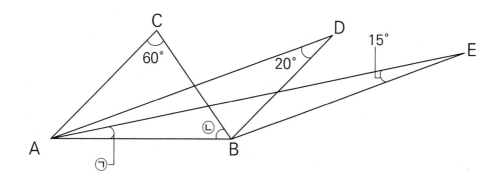

05 서로 평행한 세 직선 ㈎와 ㈏, 선분 EB에서 세 선분 AB, CD, EF는 서로 평행합니다. 각 ㉠ + 각 ㉡ + 각 ㉢을 구하세요.

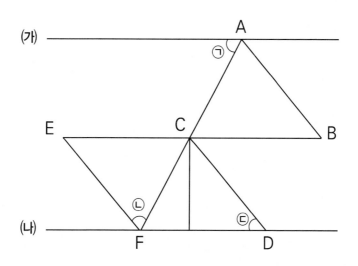

06 서로 평행한 두 직선 A와 B가 있고 그 사이에 정사각형 abcd와 삼각형 한 개가 있습니다. 각 ㉠과 각 ㉡의 크기를 각각 구하세요. (단, 점 b와 점 d를 연결한 선분은 직선 A, B와 평행합니다.)

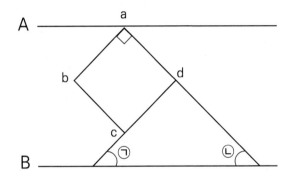

07 서로 평행한 두 직선 A, B에서 각 ㉠, 각 ㉡, 각 ㉢의 크기를 각각 구하세요.

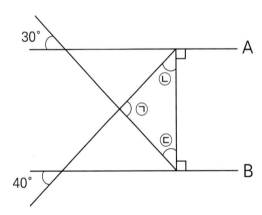

08 별 모양의 도형이 있습니다. 각 ㉠과 각 ㉡의 크기의 합을 구하세요.

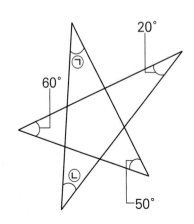

09 삼각형 ABD와 사각형 BCDE를 겹쳐 놓았습니다. 각 a와 각 b의 크기의 합이 55° 일 때, 각 ㉠과 각 ㉡의 크기의 합을 구하세요. (단, ● 와 ○ 표시의 두 각의 크기는 각각 같습니다.)

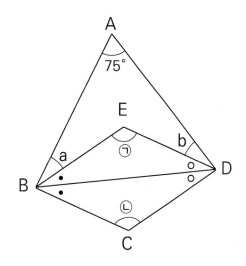

10 삼각형 ABE와 사각형 BCEF를 겹쳐 놓았습니다. 선분 AB와 선분 DG는 서로 평행하고 선분 AB와 선분 BE의 길이는 같습니다. 각 ㉠과 각 ㉡의 크기를 각각 구하세요.

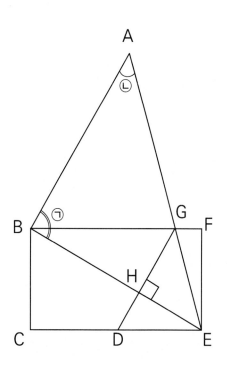

01 평행하는 두 개의 거울에 두 번 빛을 쏘았습니다. 각 ㉠과 각 ㉡의 크기를 각각 구하세요.

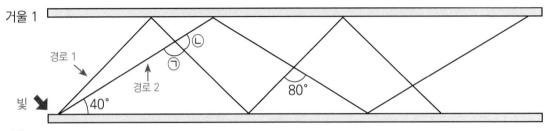

TIP!

거울면에 빛을 쏠 때, 입사각과 반사각은 동일합니다.

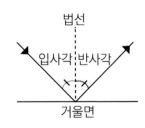

02

선분 AB와 선분 CD는 서로 평행합니다. 각 ㉠의 크기를 구하세요.

TIP!

보조선을 그어 평
행인 선분을 만들
어 보세요.

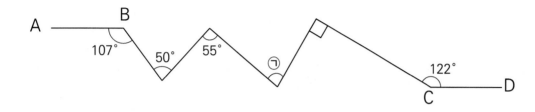

03 정팔각형 안에 삼각형 ACD와 사각형 BCDE가 있습니다. 각 ㉠의 크기를 구하세요.

TIP!

삼각형 ACD가 무슨 삼각형인지 생각해 봅니다.

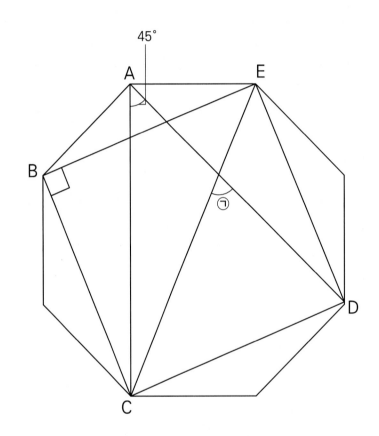

04 평행사변형 ABCD를 여러 조각으로 나누었습니다. 각 ㉠의 크기를 구하세요. (단, ● 와 ○ 표시의 두 각의 크기는 각각 같습니다.)

TIP!
평행사변형에서 엇각을 찾아봅니다.

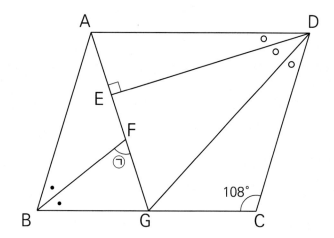

01 아래의 그림은 당구대 위에 빨간색 당구공이 지나간 길 일부입니다. 당구공이 벽에 부딪힐 때 공의 진행 방향과 벽과 이루는 각도와 부딪힌 후 튕겨 나올 때 공의 진행 방향과 벽과 이루는 각도가 같습니다. 그림처럼 처음에 당구공을 친 각도가 130°일 때, 각 ㉠과 각 ㉡의 크기를 각각 구하세요.

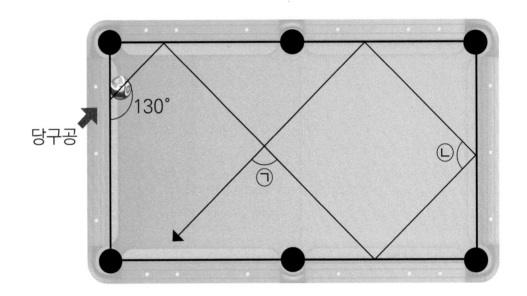

02

창의융합문제

지도의 각 A의 위치에서 무우와 친구들이 출발할 때, 〈규칙〉에 따라 이동합니다. 무우와 친구들이 도착하게 되는 최종 위치의 번호를 찾으세요.

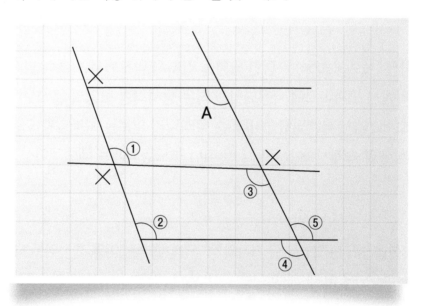

규칙

1. 무우와 친구들은 각 A의 엇각 → 그 각의 맞꼭지각 → 그 각의 동위각 → 그 각의 엇각 → 그 각의 동위각에 해당하는 각의 위치로 차례대로 이동합니다.

2. ✕로 표시된 각의 위치로 이동할 수 없습니다.

3. 한 번 지나간 각의 위치로는 이동할 수 없습니다.

미국 중부에서 첫째 날 모든 문제 끝!
콜로라도 주로 이동하는 무한이와 친구들에게 어떤 일이 일어날까요?

테셀레이션 ?

테셀레이션 (tessellation)은 평면 도형을 겹치지 않으면서 빈틈이 없게 채우는 것입니다. 고대 로마에서 모자이크에 사용되었던 작은 정사각형 모양의 돌 또는 타일을 의미하는 라틴어 'tessella'에서 유래되었습니다. 순 우리나라 말로는 쪽매맞춤 또는 쪽매붙임이라고 합니다. 일상생활 속에서 욕실 바닥 타일이나 보도블럭에는 테셀레이션 기법이 적용되어 있습니다.

테셀레이션을 만드는 방법은 한 가지의 정다각형을 평행이동, 회전이동, 대칭이동하여 만들 수 있습니다. 아래와 같이 테셀레이션을 구성하는 다각형은 〈정삼각형〉, 〈정사각형〉, 〈정육각형〉 밖에 없습니다. 그 이유는 세 개의 정다각형의 한 내각의 크기가 360의 약수이기 때문입니다. 이 외에도 (그림)과 같이 두 가지 이상의 정다각형으로 한 꼭짓점에 사각형, 육각형, 십이각형이 모인 테셀레이션을 만들 수 있습니다.

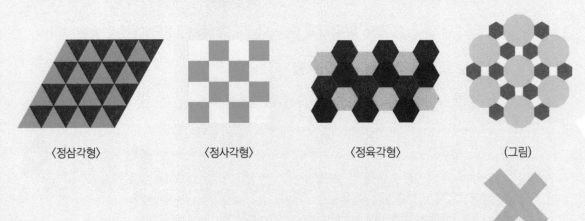

〈정삼각형〉 　　 〈정사각형〉 　　 〈정육각형〉 　　 (그림)

2. 다각형의 각도

콜로라도 ★
뉴멕시코 ★

미국 중부
Central United States

미국 중부 둘째 날 DAY 2

무우와 친구들은 미국 중부에 가는 둘째 날 <콜로라도 주>에 도착했어요. 무우와 친구들은 둘째 날에 <덴버 조폐국>, <16번가 몰 거리>, <덴버 미술관>, <콜로라도 주 의사당> 을 여행할 예정이에요. 그럼 <덴버 조폐국> 에서 만날 수학 문제에는 어떤 것들이 있을까요?

2 단원 살펴보기

다각형의 각도

궁금해요 ?

삼각형을 이용하여 아래 각 정다각형의 동전들의 내각의 합을 구하고 각 정다각형의 한 내각의 크기도 구하세요.

1 다각형의 내각과 외각

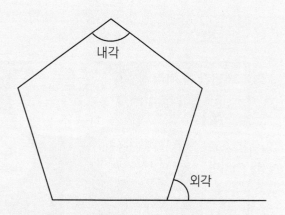

다각형의 각 꼭짓점에서의 이웃하는 두 변이 이루는 내부의 각은 내각 입니다.

한 변의 연장선과 이웃하는 다른 한 변과 이루는 각은 외각 입니다.

1. n 각형에서 한 내각과 한 외각의 크기 n ≥ 3인 자연수
   ➡ n 각형의 내각의 크기의 합은 180° × (n − 2)입니다.
   ➡ 다각형의 외각의 크기의 합은 항상 360°입니다.

2. 정다각형에서 한 내각과 한 외각의 크기
   ① 정 n 각형의 한 내각의 크기는
      (n 각형의 내각의 크기의 합) ÷ n 입니다.
   ② 정 n 각형의 한 외각의 크기는 360° ÷ n 입니다.
      오목다각형 내각의 크기의 합은 180° × (n − 2)입니다.

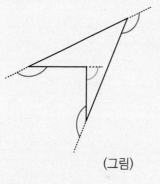

(그림)

위의 (그림)과 같이 오목다각형의 외각의 크기의 합은 빨간색 외각의 합에서 파란색 외각을 빼면 항상 360°입니다.

정답

각 정다각형에 한 꼭짓점에서 파란색 대각선을 모두 그으면 아래와 같이 여러 개의 삼각형이 만들어집니다. 대각선을 그어 만들어진 삼각형의 개수는 각 정다각형의 변의 개수에서 2를 뺀 수와 똑같습니다.
각 삼각형의 내각의 합은 각 정다각형의 내각의 합과 같습니다. 각 정다각형의 내각의 합을 구하면
(삼각형의 내각의 합) × (각 삼각형의 개수) = 180° × (변의 개수 − 2)입니다.
따라서 아래 표와 같이 각 정다각형의 내각의 합을 구할 수 있습니다.
각 정다각형의 한 내각의 크기는 각 정다각형의 내각의 합에서 변의 개수로 나누어 구합니다.
따라서 아래 표와 같이 각 정다각형의 한 내각의 크기를 구할 수 있습니다.

변(각)의 개수	5	6	7	8	9
삼각형의 개수	3	4	5	6	7
내각의 합	180° × (5 − 2) = 540°	180° × (6 − 2) = 720°	180° × (7 − 2) = 900°	180° × (8 − 2) = 1080°	180° × (9 − 2) = 1260°
한 내각의 크기	540° ÷ 5 = 108°	720° ÷ 6 = 120°	900° ÷ 7 = 약 128.6°	1080° ÷ 8 = 135°	1260° ÷ 9 = 140°

1. 다각형의 내각의 크기

무우는 자동차의 바퀴를 보고 다음과 같은 도형을 떠올렸습니다. 정팔각형 안에 정사각형 ABCD가 있는 도형을 보고 각 ㉠ + 각 ㉡의 크기를 구하세요.

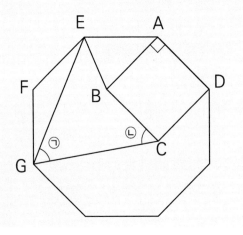

Step 1 ▌ 각 EAD와 각 EAB의 크기를 각각 구하세요.

Step 2 ▌ 삼각형 ABE는 어떤 삼각형인지 구하고 각 AEB의 크기를 구하세요.

Step 3 ▌ 삼각형 GFE는 어떤 삼각형인지 구하고 각 FEG의 크기를 구하세요.

Step 4 ▌ 각 GEB와 180°보다 큰 각 EBC의 크기를 각각 구하세요.

Step 5 ▌ 각 ㉠ + 각 ㉡의 크기를 구하세요.

풀이

✏ Step 1 각 EAD는 정팔각형의 한 내각입니다. 정팔각형의 내각의 합은
180°× (8 − 2) = 1080°이므로 한 내각의 크기는 1080° ÷ 8 = 135°입니다.
따라서 각 EAD는 135°입니다.
각 EAD에서 각 BAD를 빼면 각 EAB를 구할 수 있습니다.
따라서 각 EAB = 135° − 90° = 45°입니다.

✏ Step 2 정사각형 ABCD에서 선분 AD와 선분 AB가 같습니다.
따라서 정팔각형 안에서 선분 EA와 선분 AB가 같으므로 삼각형 ABE는 이등변삼
각형입니다.
따라서 각 AEB는 (180° − 45°) ÷ 2 = 67.5° 입니다.

✏ Step 3 정팔각형 안에서 선분 GF와 선분 FE가 같으므로 삼각형 GFE는 이등변삼각형입니다.
따라서 각 FEG는 (180° − 135°) ÷ 2 = 22.5°입니다.

✏ Step 4 각 GEB는 정팔각형의 한 내각의 크기에서 각 FEG와 각 AEB를 합한 값을 빼면 됩니다.
따라서 각 GEB = 135° − (67.5° + 22.5°) = 45°입니다.
180°보다 큰 각 EBC는 360°에서 각 ABE와 각 ABC를 합한 값을 빼면 됩니다.
따라서 180° 보다 큰 각 EBC = 360° − (67.5° + 90°) = 202.5°입니다.

✏ Step 5 사각형 EGCB의 내각의 합은 360°입니다. 각 ㉠ + 각 ㉡은 360°에서 ✏ Step 4
에서 구한 두 각의 크기의 합을 빼면 됩니다.
따라서 각 ㉠ + 각 ㉡ = 360° − 45° − 202.5° = 112.5°입니다.

정답 : 각 ㉠ + 각 ㉡ = 112.5°

확인하기 1

정육각형에 두 대각선을 그었습니다. 각 ㉠의 크기를 구하세요.

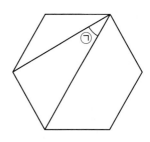

확인하기 2

정오각형에 대각선 1개와 정사각형을 그렸습니다. 각 ㉠의 크기를 구하세요.

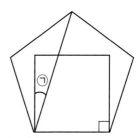

2. 테셀레이션 (tesselation)

〈작품〉은 3가지 정다각형(정삼각형, 정사각형, 정육각형)을 이용하여 만든 테셀레이션 입니다. 아래의 정다각형 중에서 2가지를 이용하여 서로 다른 두 개의 테셀레이션을 만들어 보세요.

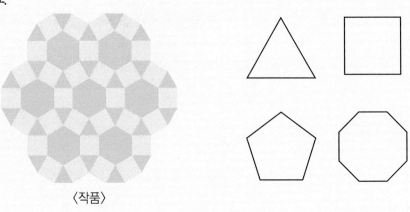

〈작품〉

Step 1 주어진 정다각형의 한 내각의 크기를 각각 구하세요.

정삼각형	정사각형	정오각형	정팔각형

Step 2 주어진 정다각형 중에 서로 다른 2가지의 정다각형을 붙여 한 꼭짓점에서 만나는 각의 크기가 360°가 되는 경우를 모두 찾으세요.

Step 3 **Step 2** 에서 찾은 도형들로 서로 다른 2개의 테셀레이션을 만드세요.

풀이

Step 1　주어진 정다각형의 내각의 크기를 각각 구합니다. 정삼각형의 내각의 크기의 합은 180°입니다. 정사각형의 내각의 크기의 합은 360°입니다.
정오각형의 내각의 크기의 합은 180°× (5 - 2) = 540°입니다.
정팔각형의 내각의 크기의 합은 180°× (8 - 2) = 1080°입니다.
각 정다각형의 내각의 크기에서 각 변의 개수로 나누면 각각의 정다각형의 한 내각의 크기를 구할 수 있습니다.
따라서 정삼각형의 한 내각의 크기는 180°÷ 3 = 60°입니다.
정사각형의 한 내각의 크기는 360°÷ 4 = 90°입니다.
정오각형의 한 내각의 크기는 540°÷ 5 = 108°입니다.
정팔각형의 한 내각의 크기는 1080°÷ 8 = 135°입니다.
아래 표에 정다각형의 한 내각의 크기를 각각 적어 표를 완성합니다.

정삼각형	정사각형	정오각형	정팔각형
60°	90°	108°	135°

Step 2　1. 정삼각형 3개와 정사각형 2개를 이용하여 한 꼭짓점에서 만나는 각이 360°를 만들 수 있습니다. 정삼각형과 정사각형의 한 내각의 크기는 각각 60°와 90°이므로 한 꼭짓점에서 만나는 각은 60°×3 + 90°×2 = 180° + 180° = 360°입니다.

2. 정사각형 1개와 정팔각형 2개를 이용하여 한 꼭짓점에서 만나는 각이 360°를 만들 수 있습니다. 정팔각형의 한 내각의 크기가 135°이므로 한 꼭짓점에서 만나는 각은 90°+ 135°× 2 = 90° + 270° = 360°입니다.

따라서 한 꼭짓점에서 만나는 각이 360°가 되는 경우는 1. 과 2. 로 2가지입니다.

Step 3　**Step 2** 에서 찾은 2가지 경우로 테셀레이션을 만듭니다. 정삼각형 3개와 정사각형 2개로 (그림 1)과 (그림 2)의 테셀레이션을 만들 수 있습니다. 정사각형 1개와 정팔각형 2개로 아래 (그림 3)과 같은 테셀레이션을 만들 수 있습니다.

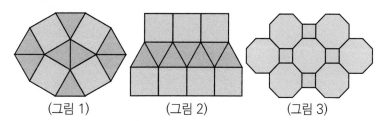

(그림 1)　　　　(그림 2)　　　　(그림 3)

정답 : 풀이 과정 참조

확인하기

정삼각형과 정육각형을 이용하여 테셀레이션을 만들려고 합니다. 한 꼭짓점에서 정삼각형과 정육각형이 각각 몇 개씩 사용하여 만들어야 할 지 쓰고 각 경우의 테셀레이션을 모두 만드세요.

01 아래와 같은 다각형이 있습니다. 각 ㉠ + 각 ㉡의 크기를 구하세요.

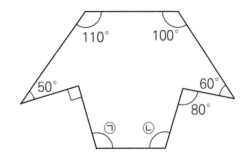

02 정십이각형, 정십각형과 정팔각형을 겹쳐 놓았습니다. 각 ㉠과 각 ㉡의 크기를 각각 구하세요.

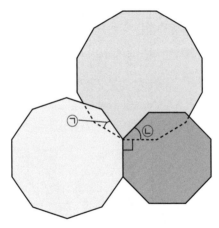

03 직사각형 안에 접하는 정오각형이 있습니다. 각 ㉠과 각 ㉡의 크기를 각각 구하세요.

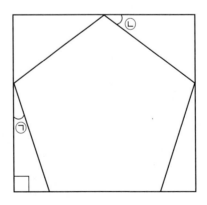

04 별 모양 도형이 있습니다. 도형에 표시된 각의 크기의 합을 구하세요.

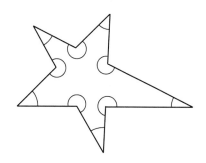

05 정오각형에서 선분 AB와 선분 BC의 길이는 같고 각 DBE = 90°입니다. 선분 AD가 점 B 에서 선분 FE의 중점을 지날때, 각 ㉠의 크기를 구하세요.

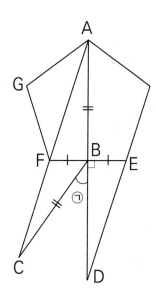

06 원 안에 접하도록 정오각형과 정삼각형을 그렸습니다. 각 ㉠과 각 ㉡의 크기를 각각 구하 세요.

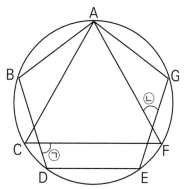

07 양 끝각의 크기가 78°인 사다리꼴이 있습니다. 이 사다리꼴로 처음의 사다리꼴과 만날 때까지 이어 붙일 때, 필요한 사다리꼴의 개수를 구하세요.

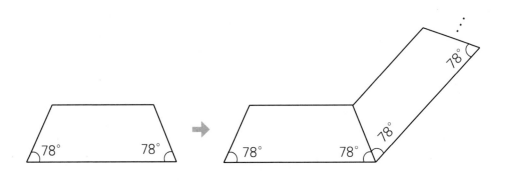

08 원 안에 접하도록 정오각형과 정육각형을 그렸습니다. 정오각형의 꼭짓점과 정육각형의 꼭짓점에서 각각 원의 중심 O 와 연결했을 때, 각 ㉠과 각 ㉡의 크기를 각각 구하세요.

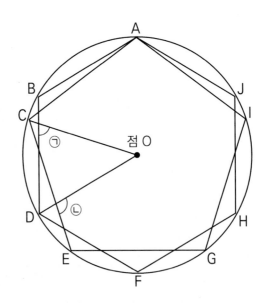

09 오각형을 여러 조각으로 나누었습니다. 각 ㉠의 크기를 구하세요. (단, ● 와 ○ 표시의 두 각의 크기는 각각 같습니다.)

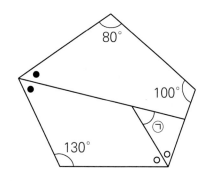

10 어떤 정다각형의 각 변에 둘레가 같은 이등변삼각형을 붙여 놓았습니다. 각 ㉡의 크기는 각 ㉠의 크기보다 15° 더 크다면 이 정다각형은 몇 각형인지 구하세요.

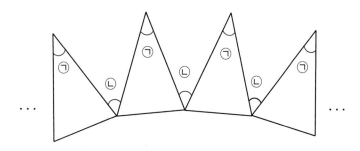

01 서로 평행한 두 직선 A, B 사이에 정육각형과 정오각형이 있습니다. 각 ㉠과 각 ㉡의 크기를 각각 구하세요.

TIP!

평행한 보조선을 그려 봅니다.

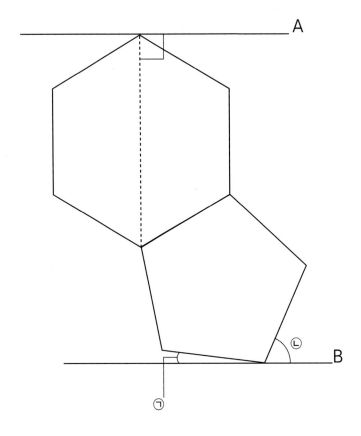

02 어떤 정다각형의 일부입니다. 이 정다각형의 파란색의 각 변에 정오각형과 정사각형을 서로 번갈아 가며 놓았습니다. 이 정다각형의 변의 개수를 구하세요.

TIP!

어떤 정다각형의 외각을 구해 봅니다.

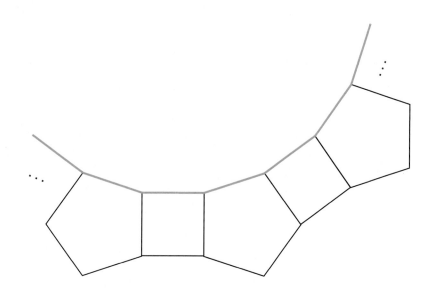

03 도형에 표시된 각의 크기의 합을 구하세요.

TIP!
보조선으로 삼각형
을 만들어 봅니다.

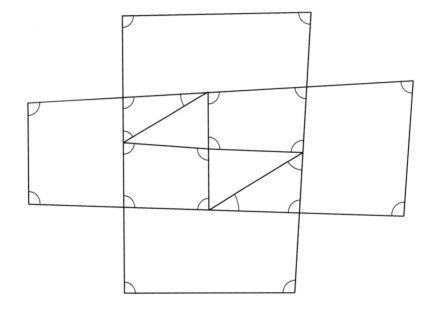

04 정십이각형에 대각선을 그었습니다. 각 ㉠과 각 ㉡의 크기를 각각 구
하세요.

TIP!

정십이각형의 한
내각의 크기를
구해 봅니다.

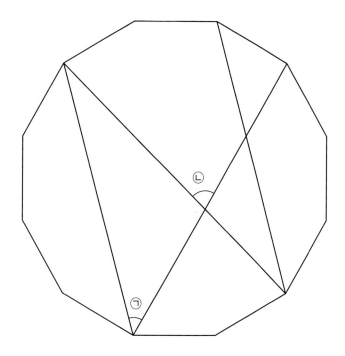

01 크기가 서로 같은 정사각형 색종이 3개를 겹쳐 놓았습니다. 이때 각 ㉠ + 각 ㉡의 크기를 구하세요.

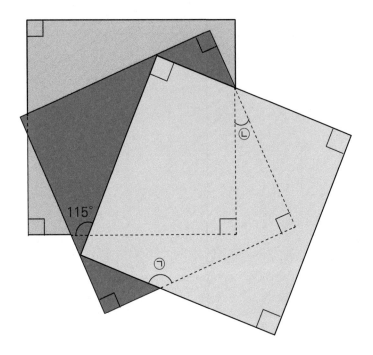

02
창의융합문제

무우가 본 타일을 도형으로 표현하면 아래와 같습니다. 각 타일들이 이루는 각을 알고 있을 때, 각 ㉠의 크기를 구하세요.

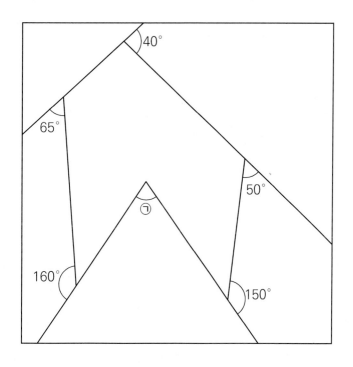

미국 중부에서 둘째 날 모든 문제 끝!
러시모어 산으로 이동하는 무한이와 친구들에게 어떤 일이 일어날까요?

우주 속 종이접기

로켓에 실리는 인공위성이나 탐사 로봇 등은 무게와 부피를 줄이는 것이 중요합니다. 그 이유는 1톤의 물체를 궤도에 올리기 위해서 약 100톤의 연료가 필요하기 때문입니다. 인공위성과 같은 우주탐사 기기는 태양 전지판으로 태양 빛을 받아서 에너지로 움직입니다. NASA에서는 태양 전지판의 부피를 줄이기 위해 일본의 천체 물리학자 코료 미우라가 개발한 '미우라 접기' 방식을 생각했습니다.

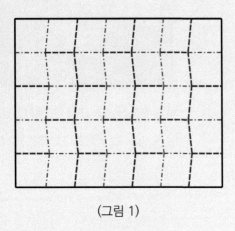

(그림 1)

(그림 1)과 같이 '미우라 접기'는 종이를 가로와 세로, 대각선으로 접어 사다리꼴 격자 무늬를 만들고 지그재그로 접는 방법입니다. 접은 종이의 대각선 양끝 모서리를 잡아 당기기만 하면 한 번에 펼쳐집니다. 미우라 접기는 종이를 15분의 1이하의 크기로 접을 수 있지만 종이보다 두꺼운 태양 전지판에 적용하기 어려웠습니다.

결국에는 (그림 2)와 같은 가운데 구멍이 뚫린 육각형으로 태양 전지판을 만들었습니다. 각 태양 전지판이 종이처럼 각 면이 맞닿게 접히도록 조각마다 일정한 간격을 두었습니다. 태양 전지판을 접었을 때 가로와 세로의 길이가 약 4m 인 태양 전지판이 되고, 우주 상에서 가로와 세로의 길이가 25m 이상이 되는 육각형으로 펼칠 수 있습니다.

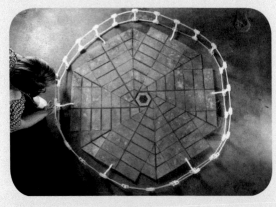

(그림 2)

3. 접기와 각

러시모어 산 ★
콜로라도 ★
뉴멕시코 ★

미국 중부
Central United States

미국 중부 셋째 날 DAY 3

무우와 친구들은 미국 중부의 셋째 날 <러시모어 산>에 도착했어요. 무우와 친구들은 셋째 날에 <쥬얼 케이브 박물관>, <크레이지 호스>, <데블스 타워>를 여행할 예정이에요. 자, 그럼 먼저 <쥬얼 케이브 박물관>에서 만날 수학 문제에는 어떤 것들이 있을까요?

궁금해요 ?

무한이와 친구들은 종이로 무엇을 접었을까요?

무우는 아래와 같은 방법으로 정사각형 모양 색종이를 접어 정삼각형을 만들었습니다. 상상이는 어떤 방법으로 색종이를 접어야 무우보다 큰 정삼각형을 만들 수 있을까요?

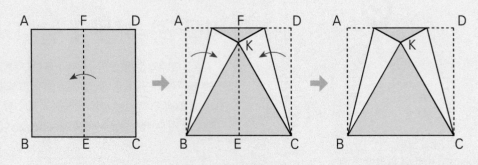

▲ 정사각형의 색종이를 반으로 접었다 펍니다.

▲ 선분 AB와 선분 CD가 선분 FE 위의 한 점 K에 만나도록 접습니다.

▲ 선분 BK = 선분 BC = 선분 KC 이므로 삼각형 BKC는 정삼각형 입니다.

1 선분과 각

정사각형 모양의 종이를 아래와 같이 접으면 새로 생기는 삼각형 A에서 각 ● 와 각 ○ 의 크기는 사라지는 삼각형 B에서 각 ● 와 각 ○ 의 크기와 각각 같습니다.

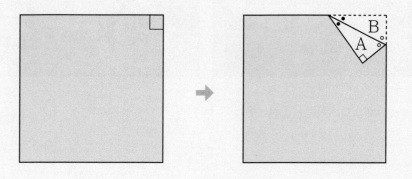

정답

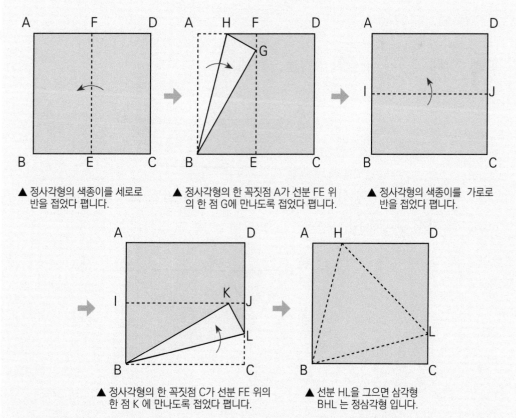

▲ 정사각형의 색종이를 세로로 반을 접었다 폅니다.

▲ 정사각형의 한 꼭짓점 A가 선분 FE 위의 한 점 G에 만나도록 접었다 폅니다.

▲ 정사각형의 색종이를 가로로 반을 접었다 폅니다.

▲ 정사각형의 한 꼭짓점 C가 선분 FE 위의 한 점 K 에 만나도록 접었다 폅니다.

▲ 선분 HL을 그으면 삼각형 BHL 는 정삼각형 입니다.

정사각형 ABCD를 접어서 가장 큰 정삼각형을 만들기 위해서는 정삼각형의 한 꼭짓점과 정사각형의 한 꼭짓점이 만나야 합니다. 따라서 상상이는 위의 삼각형 BHL 를 무우보다 더 크게 만들 수 있습니다.

3 대표문제

1. 색종이 접기와 각

접기 전의 삼각형 ABC가 각 A와 각 B가 밑각인 이등변삼각형일 때, 각 ⓐ의 크기를 구하세요.

Step 1 아래 그림의 각 ⓛ의 크기를 구하세요.

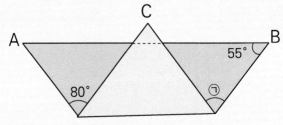

Step 2 아래 그림의 연장선을 사용하여 접은 종이를 펼친 모양을 그린 후, 각 ⓒ과 각 ⓔ의 크기를 각각 구하세요.

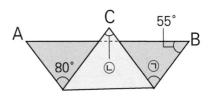

Step 3 **Step 2** 에서 각 ⓔ의 크기를 이용해 각 ⓐ의 크기를 구하세요.

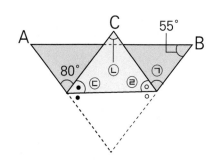

Step 1 삼각형이 각 A와 각 B를 밑각으로 하는 이등변삼각형이므로 각 ⓛ의 크기는
180° − 55° × 2 = 70°입니다.

Step 2 아래의 그림과 같이 각 ⓒ은 각 ●와 크기가 같고 각 ⓔ은 각 ○와 크기가 같습니다.
각 ⓒ + 각 ⓒ + 80° = 180°이므로
각 ⓒ의 크기는 50°입니다.
Step 1 에서 구한 각 ⓛ = 70°와 삼각형 내각의 합이 180°를 이용하여
각 ⓔ의 크기는 180° − 각 ⓛ − 각 ⓒ
= 180° − 70° − 50° = 60°입니다.
따라서 각 ⓒ = 50°, 각 ⓔ = 60°입니다.

Step 3 각 ⓔ + 각 ⓔ + 각 ㉠ = 180°이므로 **Step 2** 에서 구한 각 ⓔ = 60°를 이용하여 각 ㉠의 크기를 구할 수 있습니다.
각 ㉠의 크기는 180° − (각 ⓔ + 각 ⓔ) = 180° − (60° + 60°) = 60°입니다.
따라서 각 ㉠ = 60°입니다.

정답 : 각 ㉠ = 60°

등변사다리꼴 모양의 종이를 선분 AC와 선분 BC의 길이가 같도록 접은 그림입니다. 이때, 각 ㉠의 크기를 구하세요.

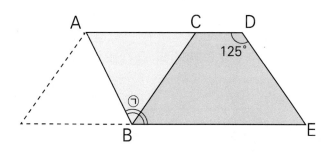

정사각형 모양 종이를 대각선을 따라 반으로 접은 후 다시 60°가 되도록 접은 그림입니다. 이때, 각 ㉠의 크기를 구하세요.

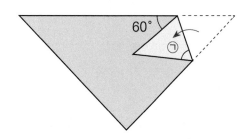

3 대표문제

2. 접기와 다각형

무우가 만든 오각형이 아래와 같을 때, 이 오각형 ABCDE에서 각 ㉠과 각 ㉡의 크기를 각각 구하세요.

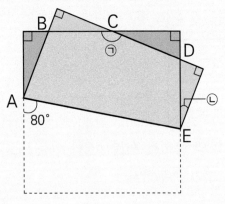

Step 1 아래 그림에서 각 ⓐ부터 각 ⓔ까지의 크기를 각각 구하세요.

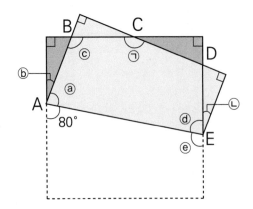

Step 2 **Step 1** 에서 구한 각으로 각 ㉠와 각 ㉡의 크기를 각각 구하세요.

Step 1 각 ⓐ의 크기는 정사각형을 접었을 때 80°과 같으므로 각 ⓐ = 80°입니다.

각 ⓑ의 크기는 180°에서 각 ⓐ와 80°의 합을 빼면 180° − (80° + 80°) = 20°입니다.

각 ⓒ의 크기는 아래의 그림의 노란색 삼각형의 두 내각인 90°와 각 ⓑ의 크기의 합과 같습니다.

따라서 각 ⓒ = 90° + 각 ⓑ = 90° + 20° = 110°입니다.

아래의 두 빨간색 점선은 서로 평행하므로 80°와 각 ⓓ는 서로 엇각입니다.

따라서 각 ⓓ = 80°입니다. 각 ⓔ의 크기는 180° − 80° = 100°입니다.

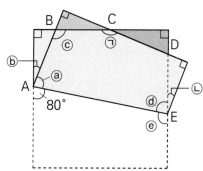

Step 2 각 ⓒ의 크기가 110°이므로 그림의 초록색 삼각형에서 각 ⓒ와 이웃하지 않는 두 내각의 크기는 각각 90°와 20°입니다.

따라서 각 ㉠의 크기는 180° − 20° = 160°입니다.

각 ⓔ의 크기는 정사각형을 접었을 때 각 ⓓ와 각 ㉡의 크기를 합한 값과 같습니다.

각 ⓔ = 각 ⓓ + 각 ㉡ 이므로 100° = 80° + 각 ㉡입니다.

따라서 각 ㉡ = 20°입니다.

정답 : 각 ㉠ = 160°, 각 ㉡ = 20°

확인하기 1

정사각형 모양의 종이를 접어 정삼각형 ABC를 만들었습니다. 이때 각 ㉠의 크기를 구하세요.

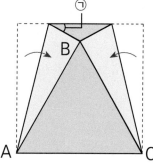

확인하기 2

정오각형 모양의 종이를 접을 때, 각 ㉠의 크기를 구하세요.

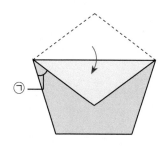

01 직각삼각형 ABC를 90°만큼 접었을 때, 각 ㉠의 크기를 구하세요.

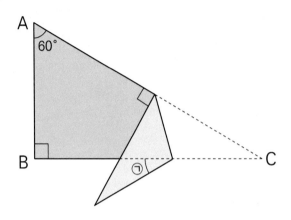

02 직각사각형 ABCD 모양의 종이를 접었을 때, 각 ㉠의 크기를 구하세요.

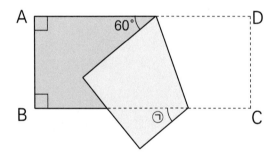

03 (그림 1)과 같이 직각이등변삼각형 ABC를 점선에 따라 접었을 때, (그림 2)에서 각 ㉠의 크기를 구하세요.

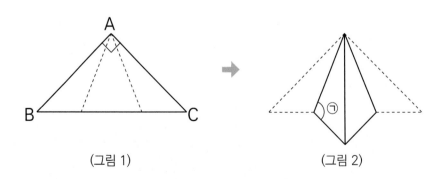

(그림 1)   (그림 2)

04 정삼각형 ABC를 두 번 접었을 때, 각 ㉠의 크기를 구하세요.

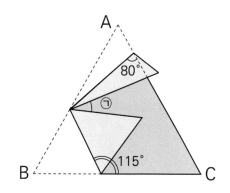

05 아래와 같이 평행사변형 모양의 종이를 접었을 때, 각 ㉠의 크기를 구하세요.

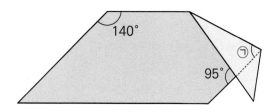

06 이등변삼각형 모양의 종이를 두 번 접었을 때, 각 ㉠의 크기를 구하세요. (단, ● 표시는 이 등변삼각형의 두 밑각입니다.)

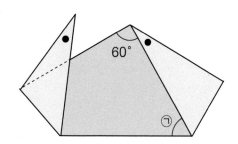

07 정사각형 ABCD의 종이를 접고 난 후 선분 EC를 그었을 때, 각 ㉠의 크기를 구하세요.

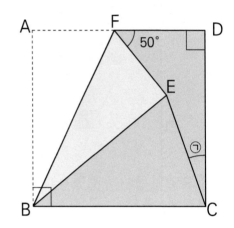

08 정팔각형 모양의 종이를 4번 접은 그림입니다. 이때, 각 ㉠의 크기를 구하세요.

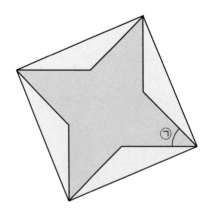

09 등변사다리꼴 모양의 종이를 한 번 접었습니다. 이때, 각 ㉠의 크기를 구하세요.

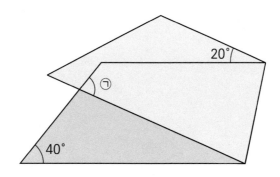

10 사각형 모양의 종이를 두 번 접었을 때, 각 ㉠의 크기를 구하세요. (단, ● 와 ○ 표시의 두 각의 크기가 각각 같습니다.)

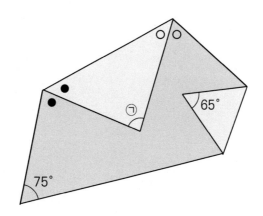

01 정사각형 모양의 종이를 2번 접었습니다. 각 삼각형의 한 꼭짓점이 정사각형의 한 변 위
의 점 A에서 만나도록 접었을 때, 두 삼각형이 겹친 부분의 각 ㉠의 크기를 구하세요.

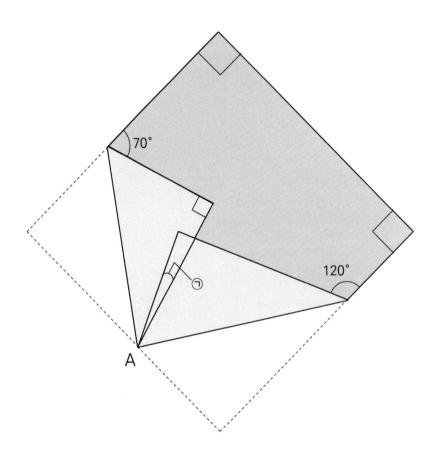

02 직사각형 모양의 종이를 두 번 접어 초록색 등변사다리꼴 ABCD를 만들었습니다. 이 때, 각 ㉠의 크기를 구하세요.

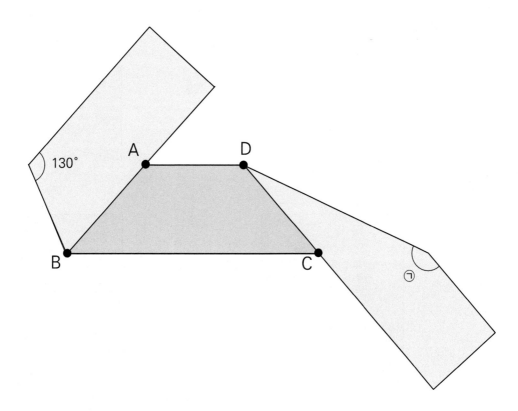

03 정사각형 모양의 종이를 접는 과정입니다. 이때, 각 ㉠의 크기를 구하세요.

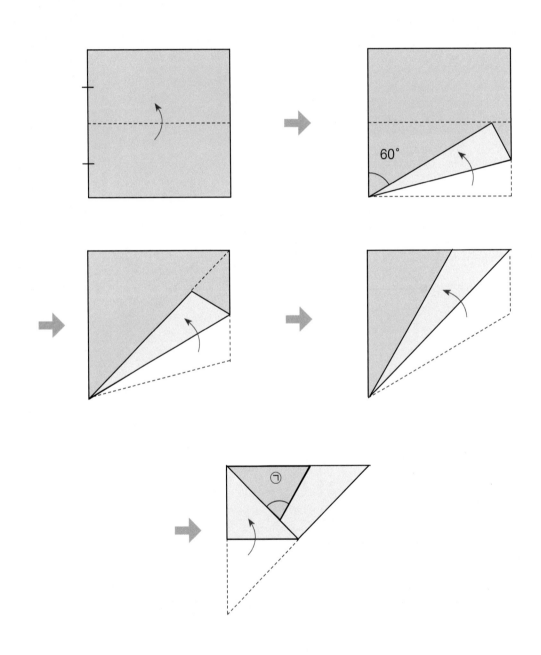

04 육각형 모양의 종이를 두 번 접어 등변사다리꼴 ABCD와 평행사변형 BEFC를 만들었습니다. 이때, 각 ㉠의 크기를 구하세요.

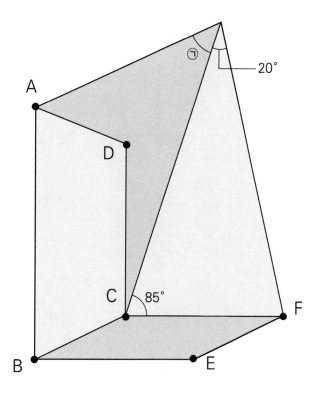

01 〈보기〉는 정사각형 모양의 색종이로 종이비행기를 만드는 과정입니다. 〈보기〉와 같이 무한이는 과정에 맞게 종이비행기를 접었습니다. 그런데 상상이가 무한이가 만든 (그림 1)의 종이비행기를 (그림 2)와 같이 가위로 종이비행기를 오렸습니다. 이때, 각 ㉠을 구하고 상상이가 오린 종이비행기를 펼쳤을 때 나타나는 모양과 같도록 정사각형에 선분을 그으세요. (단, 각의 크기에 맞게 선분을 그으세요.)

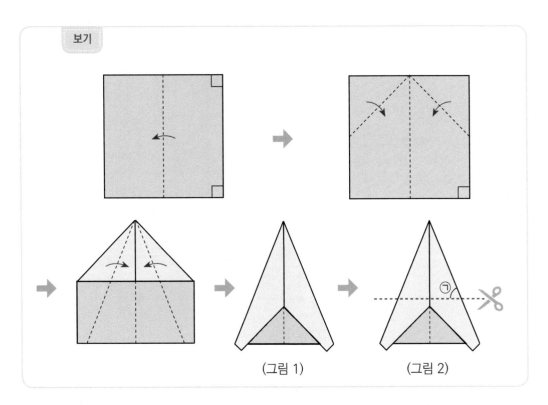

(그림 1)   (그림 2)

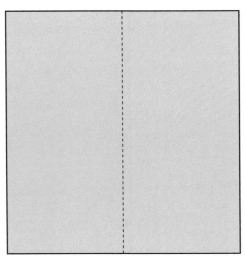

02
창의융합문제

무우는 정사각형 모양의 색종이를 아래와 같이 접어서 튤립 모양을 만들었습니다. ⑤
번 이후 종이를 뒤집었을 때, 각 ㉠의 크기를 구하세요.

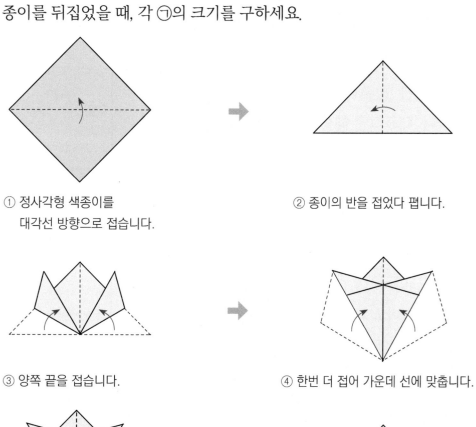

① 정사각형 색종이를
   대각선 방향으로 접습니다.

② 종이의 반을 접었다 폅니다.

③ 양쪽 끝을 접습니다.

④ 한번 더 접어 가운데 선에 맞춥니다.

종이를 뒤집습니다.

⑤ 아래에서 위로 접습니다.

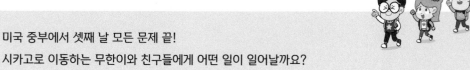

미국 중부에서 셋째 날 모든 문제 끝!
시카고로 이동하는 무한이와 친구들에게 어떤 일이 일어날까요?

A4 용지의 비밀

황금비율은 사람들에게 안정감을 주는 비율로 약 1 : 1.618 의 비율입니다. 이 황금비율은 다양한 예술품, 건축물, 신용카드, 여러 웹사이트의 디자인에 활용됩니다. 대표적인 예술품으로 레오나르도 다빈치의 「모나리자」가 있습니다.

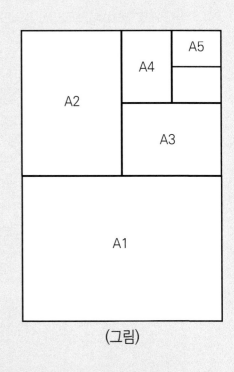

(그림)

우리가 일상생활 속에서 사용하는 A4 용지의 크기는 210mm × 297mm 로 가로와 세로의 길이의 비는 1 : 1.414입니다. (그림)과 같이 A1, A2, A3 의 가로와 세로의 길이의 비도 1 : 1.414 의 비율이 됩니다. 왜 우리에게 익숙한 황금비율이 아닌 이 비율로 만들었을까요?

그것은 황금비율로 A4 용지를 만들면 사용하지 못하는 종이가 많이 생기기 때문입니다. 이때, 독일의 물리 화학자이자 철학자인 프레드리히 오스트발트 (Friedrich Wilhelm Ostwald)는 "큰 종이를 반으로 잘랐을 때, 자른 종이와 큰 종이가 서로 닮음인 직사각형이 되어야 한다"라고 제안했습니다. 사람들은 그 제안을 받아들였고, 이후에는 종이를 잘라서 인쇄할 경우 종이 낭비가 최소화되었습니다.

4. 붙여 만든 도형

미국 중부 넷째 날 DAY 4

무우와 친구들은 미국 중부의 넷째 날, <시카고>에 도착했어요. 이 외에도 <밀레니엄 파크>, <시카고 피자집>, <존 핸콕 센터 전망대> 를 여행할 예정이에요. 무우와 친구들은 이번엔 어떤 수학 문제들을 만나게 될까요?

미국 중부
Central United States

과연 무우와 친구들은 창문의 넓이를 구할 수 있을까요?

무우가 본 창문을 도형화하면 아래와 같습니다. 가장 작은 직사각형 한 개의 둘레가 48일 때, 정사각형 ABCD의 넓이를 구하세요.

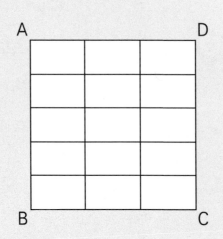

1 붙여 만든 도형의 둘레와 넓이

1. 크기가 다른 정사각형을 (그림 1)과 같이 붙여 만든 도형일 때, 가장 작은 정사각형의 한 변의 길이가 A라면, 나머지 다른 크기의 정사각형의 한 변의 길이를 A를 사용한 식으로 나타낼 수 있습니다.

2. 크기와 모양이 같은 직사각형을 (그림 2)와 같이 붙여 만든 도형의 둘레는 직사각형의 가로와 세로의 길이를 각각 A와 B로 놓은 후 큰 직사각형의 둘레를 두 A, B를 사용한 식으로 나타낼 수 있습니다.

3. 크기가 다른 4개의 직사각형을 (그림 3)과 같이 붙여 만든 도형이 있습니다. 3개의 직사각형의 넓이가 각각 A, B, C일 때, 나머지 도형 ? 의 넓이는 A × C ÷ B 입니다.

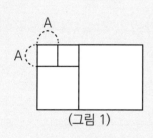

(그림 1)

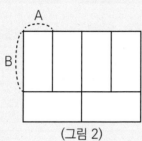

(그림 2)

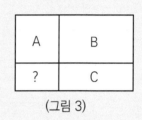

(그림 3)

정답

아래의 (그림)과 같이 가장 작은 직사각형의 가로의 길이를 a, 세로의 길이를 b라고 나타냅니다. 가장 작은 직사각형의 둘레가 48이므로 가로 × 2 + 세로 × 2 = 48입니다. 따라서 a × 2 + b × 2 = 48입니다.

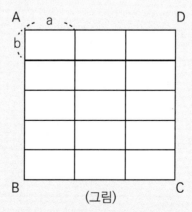

(그림)

가로와 세로의 길이의 합은 48 ÷ 2 = 24입니다. 정사각형 ABCD의 네 변의 길이는 모두 같으므로 직사각형의 가로의 3배, 세로의 5배는 서로 길이가 같습니다. 따라서 a × 3 = b × 5입니다.

a + b = 24 와 a × 3 = b × 5 의 두 식을 사용하여 a와 b를 구할 수 있습니다.

a × 3 = b × 5에서 a = b × $\frac{5}{3}$ 이므로 a + b = 24 식에 대입하면 b × $\frac{5}{3}$ + b = 24입니다. $\frac{8}{3}$ × b = 24이므로 b = 24 × $\frac{3}{8}$ = 9입니다. 따라서 a = 24 − 9 = 15입니다.

정사각형 ABCD의 넓이는 a × b × 15 = 15 × 9 × 15 = 2025입니다.

정답 : 2025

1. 붙여 만든 도형의 둘레

크라운 분수의 직사각형 스크린을 펼친 모양이 아래의 그림과 같습니다. 그림에서 가장 작은 직사각형의 둘레가 32일 때, 빨간색 선의 길이를 구하세요.

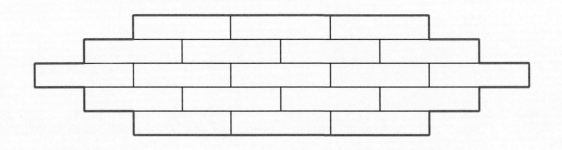

Step 1 아래 그림에 빨간색 선의 길이와 둘레가 같은 큰 직사각형을 연장선을 사용해 그리세요.

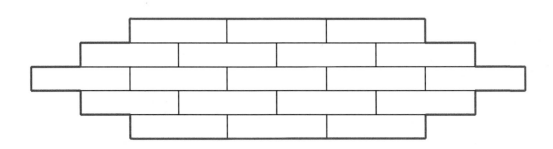

Step 2 Step 1 에서 구한 큰 직사각형의 둘레를 구하세요.

Step 1 아래 그림과 같이 파란색 연장선을 그으면 빨간색 선의 길이와 둘레가 같은 큰 직사각형을 만들 수 있습니다. 따라서 큰 직사각형의 둘레의 길이를 구하면 빨간색 선의 길이와 같습니다.

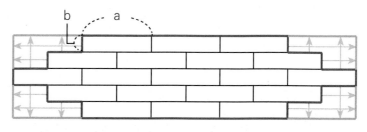

Step 2 위의 그림에 가장 작은 직사각형의 가로와 세로의 길이를 각각 a와 b로 놓습니다.
이때, 큰 직사각형의 가로의 길이는 a × 5이고 세로의 길이는 b × 5입니다.
큰 직사각형의 둘레는 가로와 세로의 길이를 각각 2배씩 하여
a × 5 × 2 + b × 5 × 2 = a × 10 + b × 10 = (a + b) × 10입니다.
가장 작은 직사각형의 둘레의 길이가 32이므로 a × 2 + b × 2 = 32입니다.
따라서 a + b = 32 ÷ 2 = 16입니다.
따라서 큰 직사각형의 둘레는 (a + b) × 10 = 16 × 10 = 160입니다.
그러므로 빨간색 선의 길이는 160입니다.

정답 : 160

크고 작은 정사각형을 붙여 만든 직사각형 ABCD의 가장 작은 정사각형의 한 변의 길이가 2일 때, 직사각형 ABCD의 둘레를 구하세요.

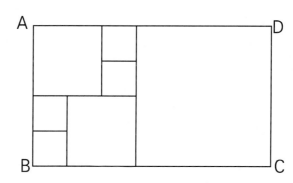

파란색 사각형들은 크기가 각각 다른 정사각형입니다. 가장 큰 직사각형의 가로와 세로의 길이가 각각 39, 25일 때, 직사각형 A의 둘레를 구하세요.

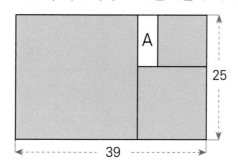

4 대표문제

2. 붙여 만든 도형의 넓이

(그림)은 크기와 모양이 서로 다른 8개의 직사각형을 붙여 큰 직사각형 ABCD 입니다. 5개의 넓이가 각각 8, 10, 14, 15, 35일 때, 큰 직사각형 ABCD의 넓이를 구하세요.

```
A                    D
┌────┬──────┬──────┐
│ 8  │  14  │  10  │
│    │      ├──────┤
│    │      │  15  │
│    ├──────┼──────┤
│    │  35  │      │
└────┴──────┴──────┘
B                    C
```
(그림)

Step 1 아래 그림에서 각 변의 길이가 ㉠, ㉡, ㉢, ㉣일 때, 대각선으로 위치한 두 직사각형의 넓이의 곱은 (㉠ × ㉣) × (㉡ × ㉢)입니다. 이 식을 이용해 파란색 직사각형의 넓이를 구하세요.

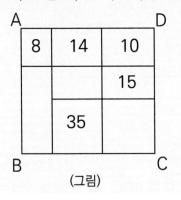

Step 2 **Step 1** 과 같은 방법으로 직사각형 (가), (나)의 넓이를 각각 구하세요.

```
A                    D
┌────┬──────┬──────┐
│ 8  │  14  │  10  │
│    │      ├──────┤
│    │      │  15  │
│(가)├──────┼──────┤
│    │  35  │ (나) │
└────┴──────┴──────┘
B                    C
```

Step 3 큰 직사각형 ABCD의 넓이를 구하세요.

Step 1 (㉠ × ㉢) × (㉡ × ㉣)에서 파란색 직사각형의 넓이와 넓이가 10인 직사각형의 넓이의 곱으로 나타내면 (㉠ × ㉡) × (㉢ × ㉣)입니다.

따라서 14 × 15 = (㉢ × ㉣) × 10이므로, ㉢ × ㉣ = 14 × 15 ÷ 10 = 21입니다. 파란색 직사각형의 넓이는 21입니다.

Step 2 (그림 1)에서 (ⓐ × ⓓ) × (ⓑ × ⓒ) = (ⓐ × ⓑ) × (ⓓ × ⓒ) 이므로
8 × (21 + 35) = (ⓓ × ⓒ) × 14입니다.

따라서 직사각형 (가)의 넓이는 ⓓ × ⓒ = 8 × (21 + 35) ÷ 14 = 32입니다.

이와 마찬가지로 (그림 2)에서 (ⓔ × ⓕ) × (ⓖ × ⓗ) = (ⓔ × ⓗ) × (ⓕ × ⓖ) 이므로 15 × 35 = (ⓕ × ⓖ) × 21입니다.

따라서 직사각형 (나)의 넓이는 ⓕ × ⓖ = 15 × 35 ÷ 21 = 25입니다.

	ⓓ	ⓑ
ⓐ	8	14
ⓒ	(가)	21
		35

(그림 1)

	ⓗ	ⓕ
ⓔ	21	15
ⓖ	35	(나)

(그림 2)

Step 3 모든 직사각형의 넓이를 더하면 큰 직사각형 ABCD의 넓이가 나옵니다. 따라서 큰 직사각형 ABCD의 넓이 = 8 + 14 + 10 + 21 + 35 + 15 + 32 + 25 = 160 입니다.

정답 : 160

확인하기 흰색 직사각형 3개와 파란색 정사각형 2개를 붙여 큰 직사각형 모양을 만들었습니다. 3개의 도형의 넓이가 아래와 같을 때, 직사각형 (가)의 넓이를 구하세요.

16	(가)
20		15

01 크기와 모양이 다른 직사각형 2개와 파란색 정사각형를 붙여 큰 직사각형 ABCD를 만들었습니다. 파란색 정사각형의 넓이가 25이고 직사각형 ABCD의 둘레가 45일 때, 직사각형 (가)의 둘레를 구하세요.

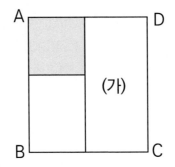

02 크기가 다른 정삼각형 4개와 정육각형 1개를 붙인 도형입니다. 이 도형에서 정육각형의 한 변의 길이가 2일 때, 이 도형의 둘레를 구하세요.

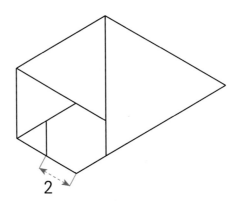

03 크기와 모양이 같은 직사각형 5개를 붙여 정사각형 ABCD를 만들었습니다. 가장 작은 직사각형 한 개의 둘레가 84일 때, 정사각형 ABCD의 넓이를 구하세요.

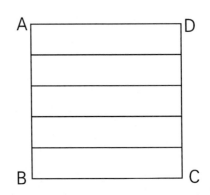

04 한 변의 길이가 2인 정사각형 9개를 꼭짓점과 정사각형의 중심이 만나도록 겹쳐 놓은 도형입니다. 이 도형의 빨간색 선의 총 길이를 구하세요.

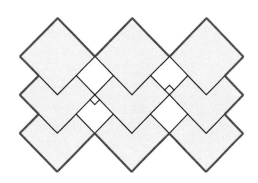

05 한 변의 길이가 5인 정사각형 3개를 붙인 도형입니다. 이 도형의 둘레를 구하세요.

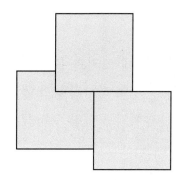

06 크기와 모양이 같은 직사각형 10개와 파란색 정사각형을 붙인 도형입니다. 가장 작은 직사각형 한 개의 둘레가 18일 때, 파란색 정사각형의 넓이를 구하세요.

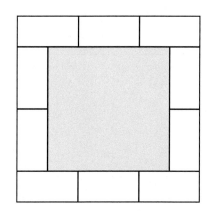

07 크기와 모양이 서로 다른 정사각형 8개와 직사각형 1개를 붙여서 큰 직사각형 ABCD를 만들었습니다. 가장 작은 정사각형 한 개의 넓이가 49이고 직사각형 (가)의 둘레는 34일 때, 큰 직사각형 ABCD의 넓이를 구하세요.

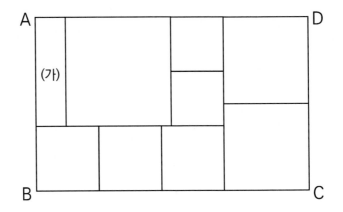

08 파란색 직사각형의 변에 크기와 모양이 같은 2개의 직사각형과 정사각형을 붙여 만든 도형입니다. 크기가 작은 직사각형의 짧은 변의 길이가 정사각형의 한 변의 길이와 같을 때, 파란색 직사각형의 둘레를 구하세요.

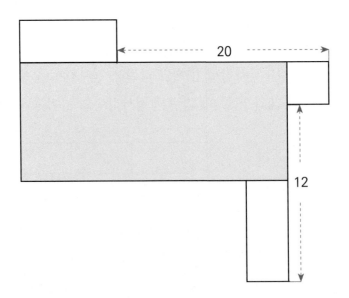

09 크기와 모양이 서로 다른 직사각형 7개를 붙였습니다. 5개의 도형의 넓이가 아래와 같을 때, 직사각형 (가)의 넓이를 구하세요. (단, 넓이가 24인 직사각형과 직사각형 (가)의 세로의 길이는 같습니다.)

12	10	
		44
	35	
24		(가)

10 둘레가 8인 파란색 정사각형에서 이웃하는 선분 사이의 폭이 2가 되도록 평행선을 그은 모양입니다. 그림에 그어진 선분의 총 길이를 구하세요. (단, 파란색 정사각형의 둘레는 선분의 총 길이에서 제외합니다.)

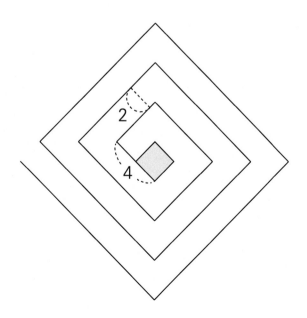

01 둘레가 170인 파란색 직사각형 모양의 띠를 8개의 직사각형으로 잘랐습니다. 8개의 직사각형의 둘레가 각각 32, 40, 41, 42, 45, 47, 50, 55일 때, 자르기 전에 직사각형 모양의 띠의 가로와 세로의 길이를 각각 구하세요.

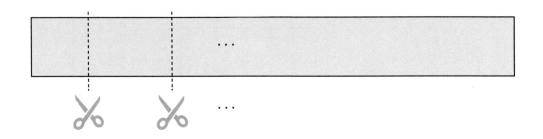

02 크기와 모양이 같은 흰색 정사각형 16개를 붙여 만든 도형입니다. 이 도형의 넓이가 $1024cm^2$일 때, 이 도형의 둘레를 구하세요. (단, 떨어진 공간인 파란색 정사각형 A는 흰색 정사각형과 크기와 모양이 같습니다.)

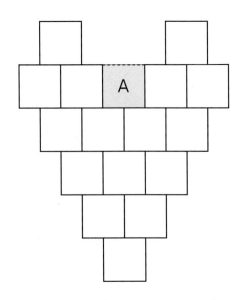

03 가로와 세로의 길이가 각각 3300, 900인 직사각형 모양의 종이입니다. 이 종이에서 가장 큰 정사각형부터 오려낸 후 남은 종이에서 다시 가장 큰 정사각형을 오리는 과정을 반복합니다. 과연 몇 개의 정사각형을 오릴 수 있을까요?

04 파란색 정사각형을 중심으로 18개 직사각형을 붙여 만든 도형입니다. 가장 작은 직사각형의 긴 변의 길이가 짧은 변의 길이의 2배일 때, 가장 큰 정사각형의 넓이가 가장 작은 정사각형의 넓이의 몇 배인지 구하세요. (단, 같은 색의 직사각형은 크기와 모양이 같습니다.)

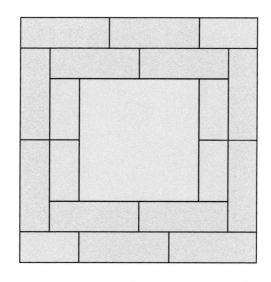

4 창의적문제해결수학

01 한 변의 길이가 6이고 둘레가 36인 파란색 직사각형에서 정사각형을 이어 붙였습니다. 만들어지는 정사각형을 차례대로 알파벳 순서로 나타낼 때, 정사각형 G의 넓이를 구하세요.

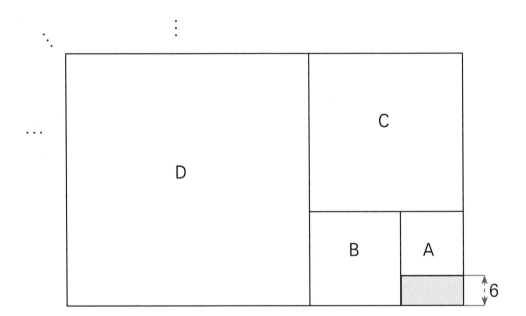

창의적문제해결수학

02
창의융합문제

무우가 그린 큰 직사각형의 둘레가 120이고 6개의 초록색 직사각형 땅의 둘레의 합이 262이고 아래 그림처럼 도로의 폭이 주어졌을 때, 무한이가 그린 큰 직사각형 지도의 가로, 세로 길이를 각각 구하세요.

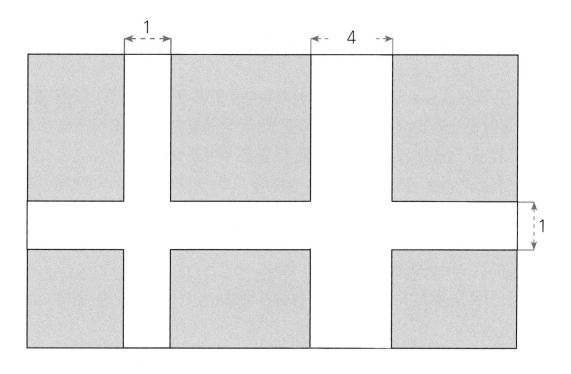

미국 중부에서 넷째 날 모든 문제 끝!
휴스턴으로 이동하는 무한이와 친구들에게 어떤 일이 일어날까요?

단위 이야기

▲ 한 줌

옛날 사람들은 오늘날의 자 대신 사람 몸의 일부를 측정 기준 또는 단위로 생각했습니다. 예를 들어 손가락이나 손바닥의 길이로 한 뼘, 두 뼘 등을 길이를 쟀습니다. 또한, 양 손바닥을 모아 가득 담을 수 있는 양으로 한 줌, 두 줌 등 부피를 쟀습니다.

고대 이집트에서는 '큐빗', 영국에서는 '인치'나 '피트', 일본이나 우리나라에서는 '자'나 '치'와 같이 중국에서 유래된 단위를 사용했습니다. 이렇게 나라마다 다른 단위를 사용했기 때문에 교역하는 데 어려움이 있었습니다. 그래서 1790년에 프랑스에서 처음으로 미터법이 생겼습니다. 미터법은 길이는 미터(m), 무게는 킬로그램(kg), 부피는 리터(L)를 기본으로 하는 국제적인 도량형 단위 체계입니다. 현재 전 세계의 95 %가 미터법을 표준단위계로 사용하고 있습니다.

1790년 당시에 프랑스인 탈레랑의 제안으로 길이의 단위인 1m 를 적도에서 프랑스 파리를 거쳐 북극까지의 거리를 천만 분의 일로 나눈 값으로 정했습니다. 하지만 이 길이를 재는 데 시간이 오래 걸렸습니다. 현재에는 1m 를 '빛이 진공 상태에서 299792458분의 1초 동안에 이동한 거리'로 정하고 있습니다.

5. 단위 넓이의 활용

미국 중부
Central United States

미국 중부 다섯째 날 DAY 5

무우와 친구들은 여행의 다섯째 날, <휴스턴>에 도착했어요. 휴스턴에 있는 <NASA 스페이스 센터>, <센하신토 주립 공원>를 다니며 여행을 마치는 친구들에게 어떤 수학 문제가 기다리고 있을까요?

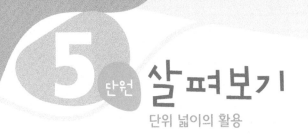

단위 넓이의 활용

궁금해요 ?

친구들은 점 위에 그린 도형의 넓이를 구할 수 있을까요?

(그림)은 간격이 1cm로 일정한 기하판 위에 그린 도형입니다. 이 도형의 넓이를 구하세요.

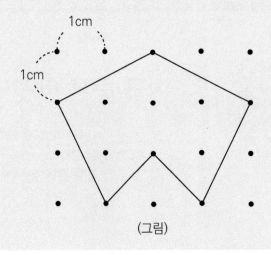

(그림)

1 단위 넓이 이용하기

1. 가장 작은 정사각형의 한 변의 길이가 1cm인 단위 도형을 이용해서 주어진 도형의 넓이를 구할 때, 도형이 이루는 가장 작은 정사각형의 개수를 구합니다.

2. (그림 1)과 같이 간격이 1cm로 일정한 기하판에서 파란색 직각삼각형의 넓이를 구할 때, 이 직사각형의 밑면과 높이가 같은 빨간색 선의 직사각형의 넓이를 구하고 반으로 나누면 됩니다.

3. (그림 2), (그림 3)과 같이 간격이 1cm로 일정한 기하판에서 각각 예각삼각형과 둔각삼각형의 넓이를 구할 때, 전체 넓이에서 파란색으로 색칠된 넓이를 빼면 각각의 넓이를 구할 수 있습니다.

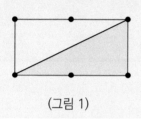

(그림 1)

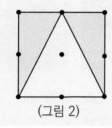

(그림 2)

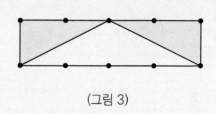

(그림 3)

 예시

1. 넓이를 알고 있는 작은 도형의 모양으로 쪼개면 전체 넓이를 쉽게 구할 수 있습니다.
2. (그림)과 같이 한 변의 길이가 1cm인 정삼각형의 한 변의 길이를 2배, 3배, 4배 씩 커지도록 모양이 같은 정삼각형을 붙이면 넓이는 4배, 9배, 16배 씩 커집니다.

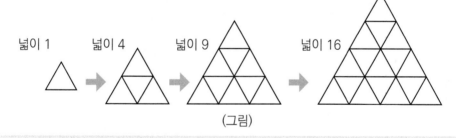

넓이 1   넓이 4   넓이 9   넓이 16

(그림)

 정답

아래의 (그림)과 같이 간격이 1cm인 일정한 기하판에 이 도형을 포함하는 가장 작은 직사각형의 넓이를 구합니다.
이 직사각형의 가로와 세로의 길이는 각각 4cm , 3cm입니다. 따라서 이 직사각형의 넓이는 12cm² 입니다.
파란색 직각 삼각형의 넓이와 초록색 직각 삼각형의 넓이를 각각 구한 후 넓이가 12cm² 인 직사각형에서 빼면 주어진 도형의 넓이가 나옵니다.

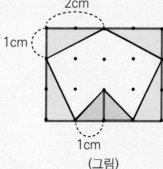

(그림)

파란색 직각삼각형의 넓이는 $2 \times 1 \div 2 = 1cm^2$ 이고 초록색 직각삼각형의 넓이는 $1 \times 1 \div 2 = \frac{1}{2}$ cm² 입니다.

총넓이에서 파란색 직각삼각형 4개와 초록색 직각삼각형 2개의 넓이의 합한 값을 빼면 $12 - (1 \times 4 + \frac{1}{2} \times 2) = 7cm^2$ 입니다. 따라서 이 도형의 넓이는 7cm² 입니다.

정답 : 7cm²

1. 도형을 쪼개어 넓이 구하기

(그림)의 정사각형 ABCD의 넓이는 1056cm²입니다. 정사각형 ABCD의 내부에 원이 접하고 원 내부에 파란색 정사각형이 접할 때, 파란색 정사각형의 넓이를 구하세요.

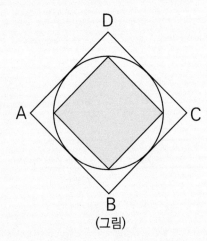

(그림)

  Step 1   사각형 ABCD에 점선을 그어 크기와 모양이 같은 삼각형으로 나눈 후 파란색의 정사각형을 회전하여 크기가 같은 도형을 그리세요.

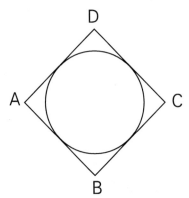

  Step 2   작은 삼각형 한 개의 넓이를 구해서 파란색 정사각형의 넓이를 구하세요.

풀이

Step 1 (그림)과 같이 정사각형 ABCD와 원이 접하는 곳에 파란색 정사각형의 각 꼭짓점이 만나도록 움직인 후 점선을 그으면 정사각형 ABCD에 작은 직각삼각형 8개가 만들어집니다.

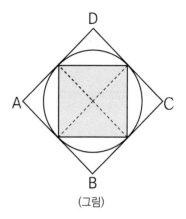

(그림)

Step 2 정사각형 ABCD의 넓이가 $1056cm^2$ 이므로 작은 직각삼각형 1개의 넓이는 $1056 \div 8 = 132cm^2$ 입니다. 따라서 파란색 정사각형의 넓이는 작은 직각삼각형 4개의 넓이이므로 $132 \times 4 = 528cm^2$ 입니다.

정답: $528cm^2$

확인하기 1

정사각형 ABCD의 각 변의 중점을 이어 차례로 작은 정사각형 3개를 만들었습니다. 정사각형 ABCD의 넓이가 $768cm^2$일 때, 파란색으로 색칠된 부분의 총 넓이를 구하세요.

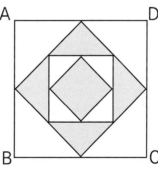

확인하기 2

직각이등변삼각형 ABC의 두 변에서 각각 이등변하는 점을 서로 연결하여 파란색 직사각형을 만들었습니다. 직각이등변삼각형 ABC의 넓이가 $128cm^2$일 때, 파란색 직사각형의 넓이를 구하세요.

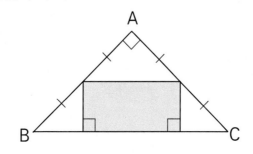

2. 다양한 도형의 단위 넓이

(그림)과 같이 크기가 서로 다른 정사각형 4개의 땅이 멀리서 보였습니다. 4개의 정사각형 땅의 각 꼭짓점에 세워진 말뚝을 파란색 선으로 연결한 오각형 ABCDE가 있었습니다. 이 오각형 ABCDE의 넓이를 구하세요.

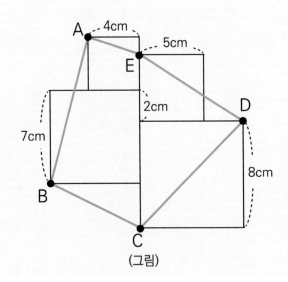

(그림)

Step 1 위의 그림에 크기가 서로 다른 4개의 정사각형의 각 변에 연장선을 그어 오각형 ABCDE를 포함하는 가장 작은 사각형의 넓이를 구하세요.

Step 2 오각형 ABCDE의 넓이를 구하세요.

Step 1 (그림)과 같이 크기가 다른 정사각형 4개를 빨간색 연장선을 그으면 사각형 FGHI 가 만들어집니다. 이 사각형 FGHI의 가로와 세로의 길이는 각각 15cm, 14cm입 니다. 따라서 사각형 FGHI의 넓이는 15 × 14 = 210cm² 입니다.

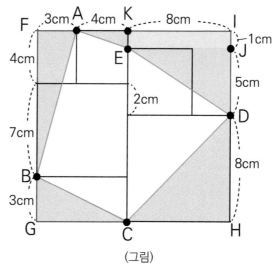

(그림)

Step 2 (그림)에서 사각형 FGHI의 넓이에서 초록색 직각삼각형 5개와 주황색 직사각형 1개 의 넓이를 합한 값을 빼면 오각형 ABCDE의 넓이를 구할 수 있습니다.

삼각형 AFB의 넓이는 3 × (4 + 7) ÷ 2 = 16.5cm²,

삼각형 BGC의 넓이는 3 × 7 ÷ 2 = 10.5cm²,

삼각형 DHC의 넓이는 8 × 8 ÷ 2 = 32cm²,

삼각형 EJD의 넓이는 8 × 5 ÷ 2 = 20cm²,

삼각형 AKE의 넓이는 4 × 1 ÷ 2 = 2cm² 입니다.

사각형 KEJI의 넓이는 8cm² 입니다.

따라서 오각형 ABCDE의 넓이 = 210 − (16.5 + 10.5 + 32 + 20 + 2 + 8) = 210 − 89 = 121cm² 입니다.

정답: 오각형 ABCDE의 넓이 = 121cm²

한 변의 길이가 각각 3, 5, 6인 정사각형 3개를 붙인 도형입니다. 각 정사각형의 꼭 짓점을 파란색 선분으로 연결하여 사각형 ABCD를 만들었을 때, 이 사각형 ABCD 의 넓이를 구하세요.

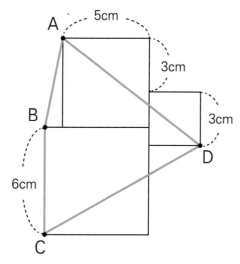

01 정육각형 안에 정삼각형을 그렸습니다. 큰 정육각형의 넓이가 84cm²일 때, 정삼각형의 넓이를 구하세요.

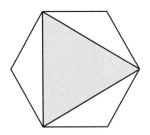

02 정사각형 ABCD의 세 변을 이등분하는 점을 연결하여 만든 도형입니다. 파란색 도형의 넓이가 3cm²일때, 정사각형 ABCD의 넓이를 구하세요.

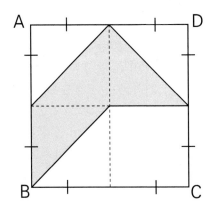

03 직사각형와 육각형을 겹쳐 놓은 도형입니다. 점 D는 육각형의 중심이고 각 ABC는 90° 입니다. 겹쳐진 부분의 파란색 사각형의 넓이가 11cm²일 때, 이 도형의 전체 넓이를 구하세요. (단, 표시가 같은 선분은 서로 길이가 같습니다.)

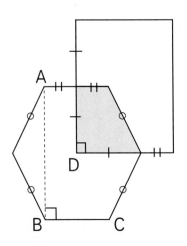

04 한 변의 길이가 2cm인 정사각형 2개를 변끼리 이어 붙인 후 선분 AB를 그었습니다. 이 때, 선분 AB를 한 변으로 하는 정사각형의 넓이를 구하세요.

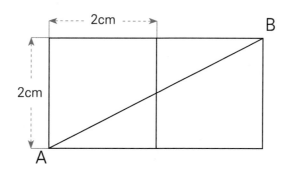

05 크기와 모양이 같은 직사각형 3개를 변끼리 이어 붙인 후 직사각형의 한 변을 이등분하는 점 A에서 점 B, C 으로 선분을 각각 그었습니다. 이때, (가)의 넓이는 (나)의 넓이의 몇 배 인지 구하세요

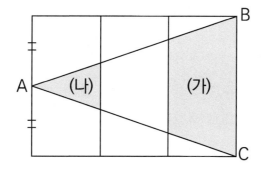

06 크기와 모양이 같은 정사각형 20개를 붙여 만든 직사각형 ABCD에서 선분을 그었습 니다. 직사각형 ABCD의 넓이가 320cm²일 때, 색칠한 부분의 넓이를 구하세요.

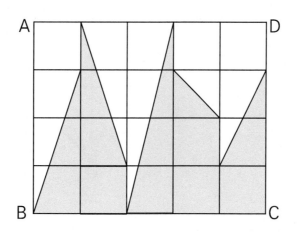

07 정사각형 ABCD을 칠교 조각 모양으로 나눈 것입니다. 칠교 조각 중에 파란색 사각형의 넓이가 $3cm^2$일 때, 정사각형 ABCD의 넓이를 구하세요.

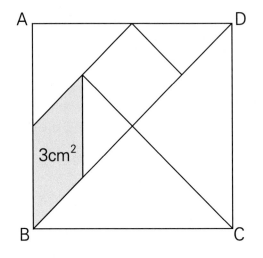

08 크기와 모양이 같은 직각삼각형 4개를 붙여 사각형 ABCD를 만들었습니다. 사각형 ABCD에서 파란색으로 색칠된 부분의 넓이를 구하세요.

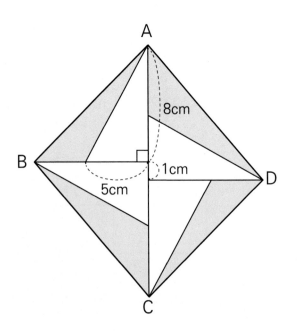

09 삼각형 ABC의 각 변을 3등분한 점을 연결하여 삼각형을 만들었습니다. 삼각형 ABC의 넓이가 216cm²일 때, 파란색으로 색칠된 삼각형의 넓이를 구하세요.

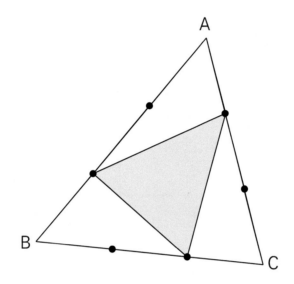

10 크기와 모양이 다른 정사각형 4개와 직각이등변삼각형 1개를 붙였습니다. 이때, 정사각형 (나)의 넓이는 정사각형 (가)의 넓이의 몇 배인지 구하세요.

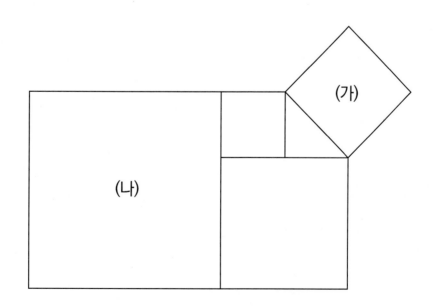

01 정사각형 (가)와 직사각형 (나)와 (다)를 겹쳐 놓았습니다. 겹친 부분의 넓이가 〈조건〉을 만족할 때, 정사각형 (가)의 넓이는 직사각형 (다)의 넓이의 몇 배인지 구하세요.

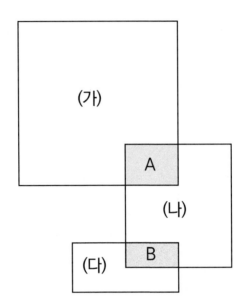

조건

1. 겹쳐진 넓이 A는 정사각형 (가)의 넓이의 $\frac{1}{12}$ 이고, 직사각형 (나)의 넓이의 $\frac{1}{6}$ 입니다.

2. 겹쳐진 넓이 B는 직사각형 (나)의 넓이의 $\frac{1}{10}$ 이고, 직사각형 (다)의 넓이의 $\frac{1}{4}$ 입니다.

02 팔각형 변의 길이가 각각 3cm, 7cm입니다. 이 빨간색 팔각형의 넓이가 126cm²일 때, 파란색으로 색칠된 부분의 넓이를 구하세요. (단, 표시가 같은 선분은 서로 길이가 같습니다.)

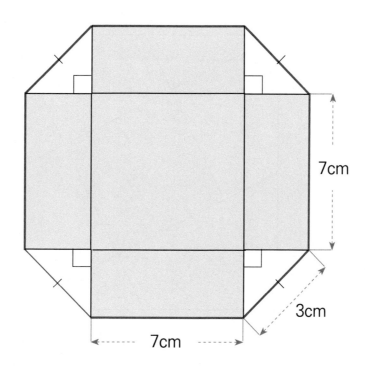

03 정사각형 ABCD의 각 변을 이등분하는 점에서 각 꼭짓점과 연결했습니다. 정사각형 ABCD의 넓이가 80cm²일 때, 파란색으로 색칠된 사각형의 넓이를 구하세요.

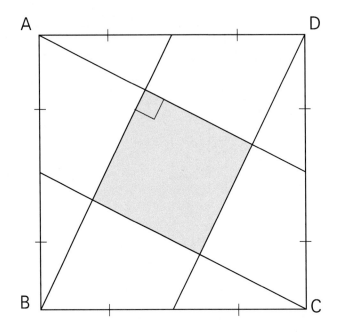

04 간격이 일정한 정삼각형 △ 와 ▽ 의 넓이가 각각 1cm²일 때, 사각형 ABCD의 넓이를 구하세요.

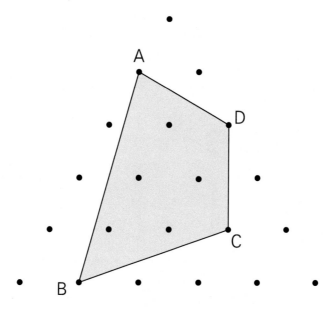

01 간격이 일정한 정삼각형 △ 와 ▽ 의 넓이가 각각 1cm²일 때, 넓이가 10cm²인 삼각형과 사각형을 그렸습니다. <조건>을 만족하는 도형을 그리세요.

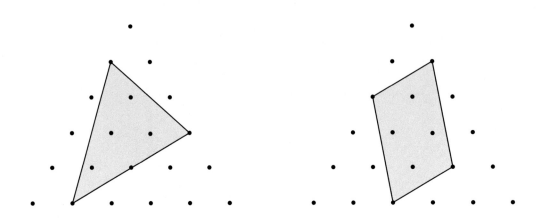

조건

넓이가 20cm²인 오각형과 육각형을 각각 그리세요. (단, 오목 다각형을 그려도 됩니다.)

02
창의융합문제

알알이는 가로와 세로의 길이가 각각 40cm, 20cm인 직사각형 모양의 색종이로 종이 접기를 했습니다. 이 모습을 본 상상이는 알알이가 마지막에 접은 모양에서 파란색으로 색칠된 부분의 넓이가 궁금했습니다. 과연 파란색으로 색칠된 부분의 넓이는 무엇일까요?

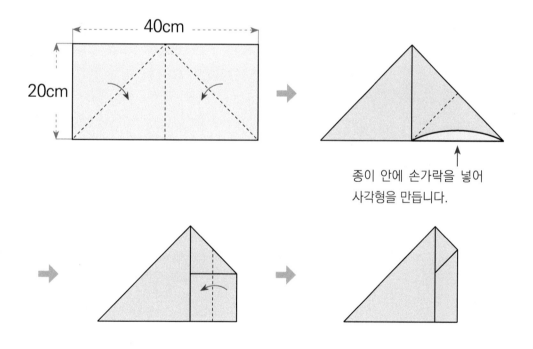

종이 안에 손가락을 넣어
사각형을 만듭니다.

미국 중부에서 다섯째 날 모든 문제 끝!
친구들과 함께하는 수학여행을 마친 소감은 어떤가요?

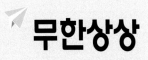

창 의 영 재 수 학

아이앤아이

정답 및 풀이

중급
초등 4~6학년
C
측정
미국 중부편

무한상상

Imagine Infinite!

창의영재수학

아이앤아이

정답 및
풀이

중급 초등 4~6학년 C 측정 미국 중부편

1. 수직과 평행

대표문제 1 **확인하기 1** ··········· P. 13

[정답] ①, ④, ⑥, ⑧

[풀이 과정]

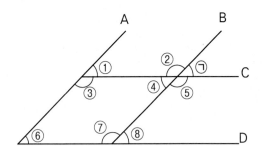

① 서로 평행한 두 직선 A와 B에서 각 ①과 각 ㉠은 동위각입니다.

② 서로 평행한 두 직선 C와 D에서 각 ⑧과 각 ㉠은 동위각입니다.

③ 두 직선 B와 C가 만나는 점에서 각 ④와 각 ㉠은 맞꼭지각입니다.

④ 서로 평행한 두 직선 C와 D에서 각 ⑥과 각 ㉠은 동위각입니다.

⑤ 따라서 각 ㉠과 크기가 같은 각은 모두 ①, ④, ⑥, ⑧ 입니다. (정답)

대표문제 1 **확인하기 2** ··········· P. 13

[정답] 160°

[풀이 과정]

① 아래의 그림과 같이 두 직선 A, B에 평행한 보조 선분 C를 긋습니다.

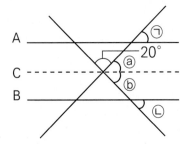

② 각 ㉠의 동위각은 각 ⓐ입니다. 각 ㉡의 동위각은 각 ⓑ입니다.

③ 180°에서 20°를 빼면 각 ⓐ와 각 ⓑ의 합을 알 수 있습니다. 따라서 각 ㉠ + 각 ㉡ = 180° − 20° = 160° 입니다. (정답)

대표문제 2 **확인하기 1** ··········· P. 13

[정답] ㉠ = 100°, ㉡ = 40°

[풀이 과정]

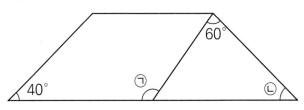

① 등변사다리꼴이므로 두 밑각이 서로 40°로 같습니다. 따라서 각 ㉡은 40°입니다. (정답)

② 각 ㉠의 크기는 이웃하지 않는 삼각형의 두 내각의 크기의 합 60° + ㉡입니다. 따라서 각 ㉠은 100°입니다. (정답)

대표문제 2 **확인하기 2** ··········· P. 13

[정답] 정답 : ㉠ = 80°   ㉡ = 30°

[풀이 과정]

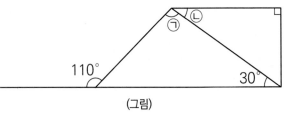

(그림)

① 각 ㉠과 30°를 포함하는 삼각형의 한 외각의 크기가 110°이므로 이웃하지 않는 삼각형의 두 내각의 크기의 합과 같습니다. 따라서 110° = 각 ㉠ + 30°이므로 각 ㉠의 크기는 80°입니다. (정답)

② (그림)에서 사다리꼴의 윗변과 아랫변이 서로 평행합니다. 따라서 각 ㉡과 30°는 엇각이므로 각 ㉡의 크기는 30°입니다. (정답)

연습문제 **01** ··········· P. 16

[정답] ㉠ = 80°

[풀이 과정]

① 평행사변형은 마주보는 두 각의 크기가 서로 같습니다. 따라서 (그림)에서 파란색 각의 크기는 50°입니다.

② 삼각형의 두 내각의 합은 30° + 50° = 80°입니다. 각 ㉠의 크기는 이웃하지 않는 삼각형의 두 내각의 크기의 합입니다.

③ 따라서 각 ㉠은 80°입니다. (정답)

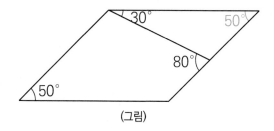

(그림)

⑤ 서로 평행한 두 직선 A와 D에서 20°와 각 ⓒ는 서로 엇각
으로 각의 크기가 같습니다.

⑥ 서로 평행한 두 직선 B와 D에서 각 ⓛ과 각 ⓓ는 서로 엇
각으로 각의 크기가 같습니다.

⑦ 따라서 각 ⓒ + 각 ⓓ = 90°이므로 각 ⓓ = 각 ⓛ의 크기는
90° − 20° = 70°입니다. (정답)

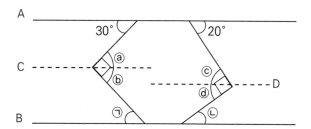

[정답] ㉠ = 140°　　　㉡ = 30°

[풀이 과정]

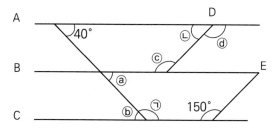

① 서로 평행한 두 직선 A와 B에서 각 ⓐ와 40°는 서로 동위
각으로 각의 크기가 같습니다.

② 서로 평행한 두 직선 B와 C에서 각 ⓐ와 각 ⓑ은 서로 엇
각으로 각의 크기가 같습니다.

③ 따라서 각 ⓑ = 40°이므로 각 ㉠의 크기는 180° − 40° =
140°입니다. (정답)

④ 서로 평행한 두 직선 D와 E에서 150°와 각 ⓒ는 서로 동위
각으로 각의 크기가 같습니다.

⑤ 서로 평행한 두 직선 A와 B에서 각 ⓒ와 각 ⓓ는 서로 엇
각으로 각의 크기가 같습니다.

⑥ 따라서 각 ⓓ = 150°이므로 각 ㉡의 크기는 180° − 150°
= 30°입니다. (정답)

[정답] ㉠ + ㉡ = 85°

[풀이 과정]

① 서로 평행한 두 선분 AC와 BD에서 각 ⓐ와 20°는 서로 엇
각으로 각의 크기가 같습니다.

② 서로 평행한 두 선분 AD와 BE에서 각 ⓑ과 15°는 서로 엇
각으로 각의 크기가 같습니다.

③ 서로 평행한 두 선분 AC와 BD에서 각 (ⓐ + ⓑ)와 각 ⓓ
는 서로 엇각으로 각의 크기가 같습니다.
따라서 각 ⓓ의 크기는 20° + 15° = 35°입니다.

④ 서로 평행한 두 선분 AC와 BD에서 각 ⓒ와 60°는 서로 엇
각으로 각의 크기가 같습니다.

⑤ 따라서 각 ⓒ와 각 ⓓ 를 포함하는 삼각형에서 나머지 한
각의 크기는 180° − 35° − 60° = 85°입니다.

⑥ 위의 ⑤번에서 85°는 각 ㉠과 각 ㉡을 포함하는 삼각형의
외각입니다. 따라서 삼각형의 두 내각의 합인
각 (㉠ + ㉡) 과 85°는 같습니다.
따라서 각 ㉠ + 각 ㉡ = 85°입니다. (정답)

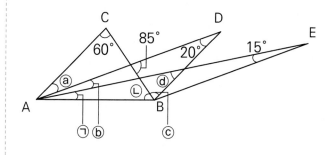

[정답] ㉠ = 60°　　　㉡ = 70°

[풀이 과정]

① 아래의 그림과 같이 두 직선 A, B에 평행한 보조 선분 C와
D를 긋습니다.

② 서로 평행한 두 직선 A와 C에서 각 ⓐ와 30°는 서로 엇각
으로 각의 크기가 같습니다.

③ 서로 평행한 두 직선 B와 C에서 각 ㉠과 각 ⓑ은 서로 엇
각으로 각의 크기가 같습니다.

④ 따라서 각 ⓐ + 각 ⓑ = 90°이므로 각 ⓑ = 각 ㉠의 크기는
90° − 30° = 60°입니다. (정답)

[정답] ㉠ + ㉡ + ㉢ = 180°

[풀이 과정]

① 서로 평행한 직선 ㉔ 와 선분 EB에서 각 ⓐ와 각 ㉠은 서로 엇각으로 각의 크기가 같습니다.

② 서로 평행한 두 선분 EF와 AB에서 각 ㉡과 각 ⓒ은 서로 엇각으로 각의 크기가 같습니다.

③ 서로 평행한 직선 ㉕ 와 선분 EB에서 각 ㉢ 과 각 ⓑ는 서로 엇각으로 각의 크기가 같습니다.

④ 서로 평행한 두 선분 CD와 AB에서 각 ⓑ와 각 ⓓ는 서로 엇각으로 각의 크기가 같습니다.

⑤ 삼각형 ABC에 각 ⓐ + 각 ⓒ + 각 ⓓ는
각 ㉠ + 각 ㉡ + 각 ㉢과 같습니다.
따라서 각 ㉠ + 각 ㉡ + 각 ㉢ = 180°입니다. (정답)

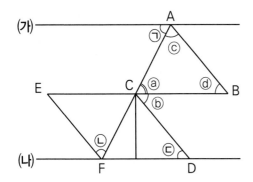

[정답] ㉠ = 45°, ㉡ = 45°

[풀이 과정]

① 아래의 그림과 같이 두 직선 A, B에 평행한 보조 직선 C를 긋습니다.

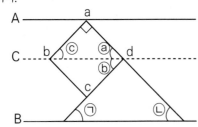

② 서로 평행한 두 직선 B와 C에서 각 ㉡와 각 ⓐ은 서로 동위각으로 각의 크기가 같습니다.

③ 서로 평행한 두 선분 B와 C에서 각 ㉠과 각 ⓑ은 서로 엇각으로 각의 크기가 같습니다.

④ 서로 평행한 두 선분 ab와 선분 cd에서 각 ⓑ과 각 ⓒ는 서로 엇각으로 각의 크기가 같습니다.

⑤ 삼각형 abd는 직각이등변삼각형이므로 각 ⓒ와 각 ⓐ는 각각 45°입니다. 따라서 각 ㉠ = 45°, 각 ㉡ = 45°입니다. (정답)

[정답] ㉠ = 70°, ㉡ = 50°, ㉢ = 60°

[풀이 과정]

① 아래의 그림과 같이 두 직선 A, B에 평행한 보조 직선 C를 긋습니다.

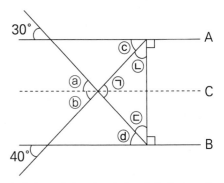

② 서로 평행한 두 직선 A와 C에서 30°와 각 ⓐ은 서로 동위각으로 각의 크기가 같습니다. 각 ⓐ = 30°

③ 서로 평행한 두 선분 B와 C에서 40°와 각 ⓑ은 서로 동위각으로 각의 크기가 같습니다. 각 ⓑ = 40°

④ 각 ⓐ + 각 ⓑ은 각 ㉠과 맞꼭지각입니다.
따라서 각 ㉠의 크기는 70°입니다.

⑤ 서로 평행한 두 직선 A와 C에서 각 ⓑ과 각 ⓒ는 서로 동위각으로 각의 크기가 같습니다. 각 ⓒ = 40°

⑥ 서로 평행한 두 직선 B와 C에서 각 ⓐ과 각 ⓓ는 서로 동위각으로 각의 크기가 같습니다. 각 ⓓ = 30°

⑦ 위의 ⑤과 ⑥에서 각 ㉡ = 90° – 각 ⓒ = 90° – 40° = 50°입니다.
이와 같이 각 ㉢ = 90° – 각 ⓓ = 90° – 30° = 60°입니다.

⑧ 따라서 각 ㉠ = 70°, 각 ㉡ = 50°, 각 ㉢ = 60°입니다. (정답)

[정답] ㉠ + ㉡ = 50°

[풀이 과정]

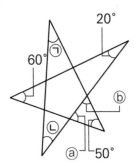

① 삼각형의 두 내각의 합은 60° + 20° = 80°입니다. 각 ⓐ의 크기는 이웃하지 않는 삼각형의 두 내각의 크기의 합입니다. 따라서 각 ⓐ은 80°입니다.

② 삼각형의 두 내각의 합은 50° + 80° = 130°입니다.
따라서 나머지 각 ⓑ의 크기는 180° - 130° = 50°입니다.

③ 각 ⓑ는 두 각 ㉠과 ㉡을 포함하는 삼각형의 한 외각이므로
각 ⓑ = 각 ㉠ + 각 ㉡ 입니다.

④ 따라서 각 ⓑ = 각 ㉠ + 각 ㉡ = 50°입니다. (정답)

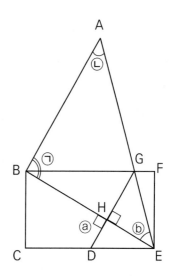

연습문제 **09** ·········· P. 19

[정답] ㉠ + ㉡ = 260°

[풀이 과정]

① 삼각형 ABD의 세 각의 합은
75° + 각 a + 각 b + 각 ● + 각 ○ = 180°입니다.
각 a + 각 b = 55°로 주어졌으므로
75° + 55° + 각 ● + 각 ○ = 180°입니다.
따라서 각 ● + 각 ○ = 50°입니다.

② 삼각형 BED에서 각 ● + 각 ○ + 각 ㉠ = 180°
→ 각 ㉠ = 130° 삼각형 BCD에서도 마찬가지로 각 ㉡ = 130°
그러므로 각 ㉠ + 각 ㉡ = 260° 입니다. (정답)

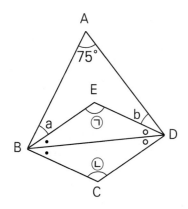

심화문제 **01** ·········· P. 20

[정답] ㉠ = 80°, ㉡ = 100°

[풀이 과정]

① 아래 그림과 같이 각 ㉡을 통과하고 두 거울과 평행한 점선 A를 긋습니다.

② 40°의 기울기로 거울면에 빛을 쏠 때, 빛의 경로 2에서 입사각인 각 ●와 반사각인 각 ●은 서로 크기가 같습니다.
따라서 각 ●의 크기는 50°입니다. 각 ⓐ와 각 ⓒ의 크기는 각각 90° - 50° = 40°입니다. 서로 평행한 거울 1과 점선 A에서 각 ⓐ와 각 ⓑ는 엇각이므로 서로 각의 크기가 같습니다.
따라서 각 ⓑ = 40°입니다.

③ 서로 평행한 거울 1과 거울 2에서 각 ⓒ와 각 ⓓ는 엇각이므로 40°로 서로 각의 크기가 같습니다. 각 ⓓ와 80°를 포함하는 삼각형에서 각 ⓔ의 크기는 180° - 40° - 80° = 60°입니다.
따라서 각 ○의 크기는 90° - 60° = 30°입니다.

④ 각 ⓕ의 크기는 각 ⓔ와 크기가 같은 60°입니다. 서로 평행한 거울 2와 점선 A에서 각 ⓕ와 각 ⓖ는 엇각이므로 서로 각의 크기가 같습니다. 따라서 각 ⓖ = 60°입니다.

⑤ 각 ㉡은 각 ⓑ + 각 ⓖ 이므로 40° + 60° = 100°입니다.
각 ㉠은 180° - 각 ㉡ = 180° - 100° = 80°입니다. (정답)

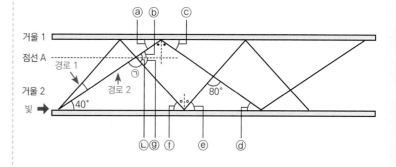

연습문제 **10** ·········· P. 19

[정답] ㉠ = 90°, ㉡ = 45°

[풀이 과정]

① 각 GHE = 90°와 각 ⓐ는 서로 맞꼭지각입니다. 서로 평행한 두 선분 DG와 AB에서 각 ⓐ와 각 ㉠은 서로 엇각으로 각의 크기가 같습니다. 따라서 각 ㉠ = 90°입니다. (정답)

② 선분 AB와 선분 BE의 길이가 같으므로 삼각형 ABE는 직각이등변삼각형입니다. 따라서 각 ㉡과 각 ⓑ는 서로 45°로 크기가 같은 각입니다.
따라서 각 ㉡ = 45°입니다. (정답)

심화문제 02 .... P. 21

[정답] ㉠ = 80°

[풀이 과정]

① 아래 그림과 같이 선분 AB에 수직이고 (가) 부터 (바) 까지 서로 평행한 점선 6개를 긋습니다.

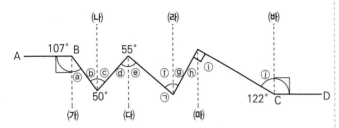

② 각 ⓐ는 107° - 90°이므로 17°입니다. 서로 평행한 (가)와 (나)에서 각 ⓐ와 각 ⓑ는 엇각이므로 서로 각의 크기가 같습니다. 따라서 각 ⓑ = 17°입니다.

③ 각 ⓒ는 50° - 17°이므로 33°입니다. 서로 평행한 (나)와 (다)에서 각 ⓒ와 각 ⓓ는 엇각이므로 서로 각의 크기가 같습니다. 따라서 각 ⓓ = 33°입니다.

④ 각 ⓔ는 55° - 33°이므로 22°입니다. 서로 평행한 (다)와 (라)에서 각 ⓔ와 각 ⓕ는 엇각이므로 서로 각의 크기가 같습니다. 따라서 각 ⓕ = 22°입니다.

⑤ 각 ⓙ는 122° - 90°이므로 32°입니다. 서로 평행한 (마)와 (바)에서 각 ⓙ와 각 ⓘ는 엇각이므로 서로 각의 크기가 같습니다. 따라서 각 ⓘ = 32°입니다.

⑥ 각 ⓗ는 90° - 32°이므로 58°입니다. 서로 평행한 (라)와 (마)에서 각 ⓗ와 각 ⓖ는 엇각이므로 서로 각의 크기가 같습니다. 따라서 각 ⓖ = 58°입니다.

⑦ 따라서 각 ㉠은 각 ⓕ + 각 ⓖ 이므로 22° + 58° = 80°입니다. (정답)

심화문제 03 .... P. 22

[정답] ㉠ = 67.5°

[풀이 과정]

① 정팔각형 안의 삼각형 ACD는 이등변삼각형입니다. 따라서 각 ACD와 각 ADC는 각각
(180° - 45°) ÷ 2 = 135° ÷ 2 = 67.5°입니다.

② 사각형 BCDE는 정사각형이므로 삼각형 CDE는 직각이등변삼각형입니다. 따라서 각 ECD는 45°입니다.

③ 각 ACE는 각 ACD - 각 ECD 이므로 67.5° - 45° = 22.5°입니다. 각 ㉠은 두 각 ACE와 각 CAD를 포함하는 삼각형의 한 외각입니다. 각 ㉠의 크기는 이웃하지 않는 두 내각의 크기의 합과 같습니다.
따라서 두 내각의 합은 각 ACE + 각 CAD = 45° + 22.5° = 67.5°입니다. 각 ㉠의 크기는 67.5°입니다. (정답)

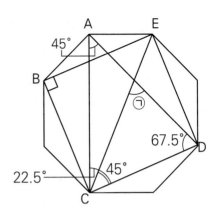

심화문제 04 .... P. 23

[정답] ㉠ = 78°

[풀이 과정]

① 평행사변형은 서로 마주보는 각이 서로 같고 이웃하는 두 각의 합이 항상 180°입니다.
108°와 이웃한 각인 각 ● + 각 ● 은 180° - 108° = 72°입니다.
따라서 각 ● = 36°입니다.
이와 마찬가지로 108°와 이웃한 각인
각 ○ + 각 ○ + 각 ○은 180° - 108° = 72°입니다. 따라서 각 ○ = 24°입니다.

② 평행사변형 ABCD에서 선분 AD와 선분 BC는 서로 평행하므로 각 ⓐ와 각 ⓑ는 엇각입니다. 각 ⓐ의 크기는 180° - 각 ○ - 90° = 180° - 24° - 90° = 66°입니다. 따라서 각 ⓑ의 크기는 66°입니다.

③ 삼각형 BGF에서 각 ㉠의 크기는
180° - 각 ● - 각 ⓑ = 180° - 36° - 66° = 78°입니다.
따라서 각 ㉠의 크기는 78°입니다. (정답)

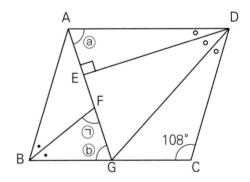

[정답] ㉠ = 100°, ㉡ = 80°

[풀이 과정]

① 아래 그림과 같이 (가) 부터 (마) 까지 벽과 서로 평행한 점선 5개를 긋습니다. 당구공의 진행 방향과 벽과 이루는 각도는 50°입니다. 서로 평행한 벽과 (가) 에서 50°와 각 ⓐ는 엇각이므로 서로 각의 크기가 같습니다.
따라서 각 ⓐ = 50°입니다.

② 당구공이 벽에 부딪힐 때, 공의 진행 방향과 벽과 이루는 각도와 부딪힌 후 튕겨 나올 때 공의 진행 방향과 벽과 이루는 각도가 같습니다.
따라서 각 ⓑ = 50°입니다.
서로 평행한 (가) 와 (나) 에서 각 ⓑ와 각 ⓒ는 엇각이므로 서로 각의 크기가 같습니다
따라서 각 ⓒ = 50°입니다.

③ 각 ⓒ와 각 ⓓ는 서로 맞꼭지각입니다.
따라서 각 ⓓ = 50°입니다. 서로 평행한 (나) 와 (마) 에서 각 ⓓ 각 ⓔ는 엇각이므로 서로 각의 크기가 같습니다.
따라서 각 ⓔ = 50°입니다.
②과 마찬가지로 공의 진행 방향과 벽과 이루는 각도가 항상 같으므로 각 ⓕ = 50°입니다.

④ 서로 평행한 (마) 와 벽에서 각 ⓕ와 각 ⓖ는 엇각이므로 서로 각의 크기가 같습니다.
따라서 각 ⓖ = 50°입니다.
각 ⓗ와 각 ⓘ의 크기는 각각 90° − 50° = 40°입니다. 따라서 각 ㉡ = 40° + 40° = 80°입니다. (정답)

⑤ 서로 평행한 (라) 와 벽에서 각 ⓘ와 각 ⓙ는 엇각이므로 서로 각의 크기가 같습니다.
따라서 각 ⓙ = 40°입니다.
각 ⓚ와 각 ⓛ의 크기는 각각 90° − 40° = 50°입니다. 서로 평행한 (다) 와 (나) 에서 각 ⓛ과 각 ⓜ은 엇각이므로 서로 각의 크기가 같습니다.
따라서 각 ⓜ = 50°입니다.
따라서 각 ㉠ 는 각 ⓒ + 각 ⓜ의 맞꼭지각입니다.
따라서 각 ㉠ = 50° + 50° = 100°입니다. (정답)

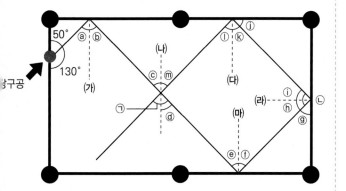

[정답] ②

[풀이 과정]

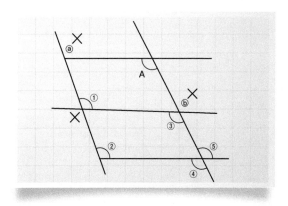

① 무우와 친구들의 현재 위치는 각 A 입니다. 〈규칙〉에 따라 해당하는 각의 위치로 이동합니다. 각 A의 엇각은 위의 지도에서 각 ⓐ, 각 ⓑ, 각 ⑤입니다.
하지만 ✕로 표시된 각의 위치로 이동할 수 없으므로 각 A의 위치에서 각 ⑤로 이동합니다.

② 각 ⑤의 맞꼭지각은 각 ④이므로 각 ⑤의 위치에서 각 ④로 이동합니다.

③ 각 ④의 동위각은 위의 지도에서 각 ③, 각 A 입니다.
하지만 한 번 지나간 각의 위치로 이동할 수 없으므로 각 ④위치에서 각 ③으로 이동합니다.

④ 각 ③의 엇각은 위의 지도에서 각 ①, 각 ⑤입니다.
하지만 한 번 지나간 각의 위치로 이동할 수 없으므로 각 ③위치에서 각 ①로 이동합니다.

⑤ 각 ①의 동위각은 위의 지도에서 각 ⓐ, 각 ⓑ, 각 ②입니다.
하지만 ✕로 표시된 각의 위치로 이동할 수 없으므로 각 ①위치에서 각 ②로 이동합니다.

⑥ 따라서 무우와 친구들이 최종적으로 도착하는 위치의 번호는 ②번입니다. (정답)

2. 다각형의 각도

대표문제 1 확인하기 1 ························ P. 31

[정답] 30°

[풀이 과정]

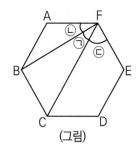

(그림)

① (그림)과 같이 정육각형의 각 꼭짓점에 알파벳 A 부터 F 까지 적습니다. 정육각형의 내각의 합은
180° × (6 − 2) = 720°입니다.
따라서 한 내각의 크기는 720° ÷ 6 = 120°입니다.

② 선분 AB와 선분 AF의 길이가 서로 같으므로 삼각형 ABF 는 이등변삼각형입니다. 각 BAF의 크기가 120°이므로 각 ⓛ의 크기는 30°입니다.

③ 선분 FE와 선분 CD의 길이가 서로 같으므로 사각형 CDEF는 등변사다리꼴입니다. 각 FED의 크기가 120° 이므로 각 ⓒ의 크기는 60°입니다.

④ 따라서 각 ㉠의 크기는 120°에서 각 ⓛ과 각 ⓒ의 크기의 합을 빼면 120° − (30° + 60°) = 30°입니다. (정답)

대표문제 1 확인하기 2 ························ P. 31

[정답] 18°

[풀이 과정]

① 아래의 (그림)과 같이 정오각형의 각 꼭짓점에 알파벳 A 부터 E 까지 적습니다. 정오각형의 내각의 합은
180° × (5 − 2) = 540°입니다.
따라서 한 내각의 크기는 540° ÷ 5 = 108°입니다.

② 선분 AB와 선분 AE의 길이가 서로 같으므로 삼각형 ABE 는 이등변삼각형입니다. 각 BAE의 크기가 108°이므로 각 ABE의 크기는 (180° − 108°) ÷ 2 = 36°입니다.

③ 각 ABE의 크기가 36°이므로 각 EBC의 크기는
108° − 36° = 72°입니다.
따라서 각 ㉠의 크기는 90°에서 각 EBC의 크기를 빼면
90° − 72° = 18°입니다. (정답)

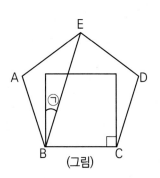

(그림)

대표문제 2 확인하기 ························ P. 33

[정답] (정삼각형의 개수, 정육각형의 개수) = (2개, 2개), (4개, 1개)

[풀이 과정]

① 정삼각형과 정육각형이 한 꼭짓점에 모이는 각이 360°가 되 어야 테셀레이션을 만들 수 있습니다. 정삼각형의 한 내각의 크기는 60°이고 정육각형의 한 내각의 크기는 120°입니다. 한 꼭짓점에 모이는 각이 360°가 되는 정삼각형과 정육각형 을 개수를 각각 구합니다.

② 60° × 2 + 120° × 2 = 120° + 240° = 360°이므로 정삼각형 2개와 정육각형 2개를 사용하여 (그림 1)과 같은 테셀레이션을 만들 수 있습니다.

③ 60° × 4 + 120° × 1 = 360°이므로 정삼각형 4개와 정육각 형 1개를 사용하여 (그림 2)와 같은 테셀레이션을 만들 수 있습니다.

④ 따라서 아래 (그림 1)과 (그림 2)와 같은 테셀레이션을 정삼 각형과 정육각형으로 만들 수 있습니다.

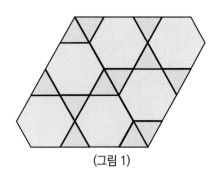

(그림 1)

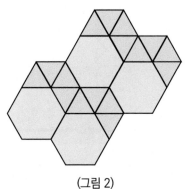

(그림 2)

③ 파란색 정십이각형에서 각 ⓒ의 크기는 360°에서 정팔각
③ 파란색 정십이각형에서 각 ⓒ의 크기는 360°에서 정팔각
형의 한 내각의 크기와 정십각형의 한 내각의 크기의 합한
값을 빼면 360° − (135° + 144°) = 81°입니다.
따라서 각 ⓒ의 크기 = 81°입니다.

④ 노란색 정십각형에서 각 ㉠의 크기는 정십이각형의 한
내각의 크기에서 각 ㉡과 각 ⓒ의 크기의 합한 값을 빼면
150° − (81° + 45°) = 24°입니다.
따라서 각 ㉠의 크기 = 24°입니다. (정답)

연습문제 03 ················· P. 34

[정답] 각 ㉠ = 18°, 각 ㉡ = 36°

[풀이 과정]

① 정오각형의 한 내각의 크기는 108°이므로 각 ⓐ = 108°
입니다. 그러므로 각 ⓑ = 180° − 108° = 72°입니다.
따라서 각 ㉠의 크기는 90° − 72° = 18°입니다. (정답)

② 각 ⓒ의 크기는 180°에서 정오각형의 한 내각의 크기와 각
㉠의 크기를 합한 값을 빼면 180° − (108° + 18°) = 54°
입니다.
따라서 각 ⓓ의 크기는 90° − 54° = 36°입니다.

③ 각 ㉡의 크기는 180°에서 정오각형의 한 내각의 크기와 각
ⓓ의 크기를 합한 값을 빼면
180° − (108° + 36°) = 36°입니다.
따라서 각 ㉡의 크기는 36°입니다. (정답)

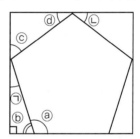

연습문제 04 ················· P. 35

[정답] 정답 : 1440°

[풀이 과정]

① (그림)과 같이 별 모양 도형 안에 파란색 선분으로 오
각형을 만듭니다. 도형에 표시된 각은 삼각형 5개의 내
각의 합의 크기와 오각형 1개의 내각의 합의 크기를 더
하면 됩니다.

② 따라서 도형에 표시된 각의 크기는 180° × 5 + 540° =
1440°입니다. (정답) 또는 각이 10개인 10각형의 모습이므
로 10각형 내각의 합 180 × (10 − 2) = 1440°가 됩니다.

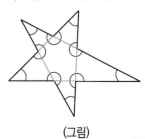

(그림)

연습문제 01 ················· P. 34

[정답] 210°

[풀이 과정]

① 아래의 (그림)과 같이 파란색 보조선 선분 2개를 긋습니다.
삼각형의 두 밑각이 각각 ⓐ, ⓑ와 ⓒ, ⓓ인 2개의 삼각형이
생깁니다. 삼각형의 내각의 합이 180°이므로
각ⓐ + 각ⓑ = 90°이고 각ⓒ + 각ⓓ = 180° − 80° = 100°입니다.

② 파란색 점선과 빨간색 선분을 연결하면 육각형이 됩니다. 육
각형의 내각의 합의 크기를 구하면
180° × (6 − 2) = 720°입니다.
각 ㉠ + 각 ㉡ = 720° − 110° − 100° − 60° − 50° − (각ⓐ + 각
ⓑ) − (각ⓒ + 각ⓓ) = 720° − 110° − 100° − 60° − 50° − 90° −
100° = 210°입니다.

③ 따라서 각 ㉠ + 각 ㉡ = 210°입니다. (정답)

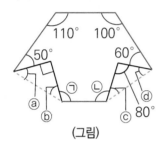

(그림)

연습문제 02 ················· P. 34

[정답] 각 ㉠의 크기 = 24°, 각 ㉡의 크기 = 45°

[풀이 과정]

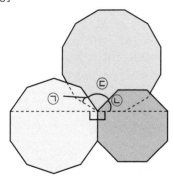

① 정팔각형의 내각의 합은 180° × (8 − 2) = 1080°이므로
한 내각의 크기는 1080° ÷ 8 = 135°입니다.
정십각형의 내각의 합은 180° × (10 − 2) = 1440°이므
로 한 내각의 크기는 1440° ÷ 10 = 144°입니다.
정십이각형의 내각의 합은 180° × (12 − 2) = 1800°이
므로 한 내각의 크기는 1800° ÷ 12 = 150°입니다.

② 빨간색 정팔각형에서 각 ㉡의 크기는 정팔각형의 한 내각
의 크기 135°에서 90°를 빼면 135° − 90° = 45°입니다. 따
라서 각 ㉡의 크기 = 45°입니다. (정답)

정답 및 풀이

연습문제 05 .... P. 35

[정답] 각 ㉠ = 36°

[풀이 과정]

① 정오각형의 한 내각의 크기는 108°입니다. 선분 AG와 선분 GF가 서로 길이가 같으므로 삼각형 AGF는 이등변삼각형입니다.
각 FGA의 크기가 108°이므로 각 ⓐ의 크기는
(180° − 108°) ÷ 2 = 36°입니다.

② 정오각형에서 선분 AD가 점 B에서 선분 FE의 중점을 지나므로 각 GAB는 정오각형의 한 내각의 크기를 이등분합니다. 각 ⓐ + 각 ⓑ = 108° ÷ 2 = 54°입니다.
따라서 각 ⓑ의 크기는 54° − 36° = 18°입니다.

③ 선분 AB와 선분 BC가 서로 길이가 같으므로 삼각형 ABC는 이등변삼각형입니다. 각 ⓒ = 18°입니다. 각 ㉠의 크기는 삼각형 ABC와 이웃하지 않는 두 내각인
각 ⓑ + 각 ⓒ의 크기와 같습니다.
따라서 각 ㉠ = 18° + 18° = 36°입니다. (정답)

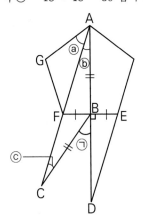

연습문제 06 .... P. 35

[정답] 각 ㉠ = 72°, 각 ㉡ = 48°

[풀이 과정]

① (그림)과 같이 원의 중심을 지나도록 파란색 선분 AH를 긋습니다. 정오각형과 정삼각형의 한 내각의 크기는 각각 108°와 60°입니다. 파란색 선분 AH는 삼각형 ACF의 각 CAF를 이등분하므로 각 ⓐ의 크기는 30°입니다.
이와 마찬가지로 정오각형 ABDEG의 각 BAG를 이등분하므로 각 ⓐ + 각 ⓑ의 크기는 108° ÷ 2 = 54°입니다.
따라서 각 ⓑ의 크기는 54° − 30° = 24°입니다.

② 각 ㉡의 크기는 180°에서 각 ⓑ의 크기와 정오각형의 한 내각의 크기를 합한 값을 빼면 됩니다.
따라서 각 ㉡ = 180° − (108° + 24°) = 48°입니다. (정답)

③ 원 안에 접하도록 정오각형과 정삼각형을 한 꼭짓점에서 만나도록 그렸으므로 선분 CF와 선분 DE는 서로 평행합니다.
따라서 두 평행선에서 각 ㉡과 각 ⓓ는 서로 동위각이므로 각의 크기가 108°로 같습니다.

④ 각 ㉠의 크기는 180°에서 각 ⓓ의 크기를 빼면
180° − 108° = 72°입니다. (정답)

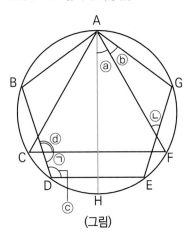

(그림)

연습문제 07 .... P. 36

[정답] 15개

[풀이 과정]

① (그림)과 같이 밑각의 크기가 78°인 사다리꼴에서 각 ⓐ와 각 ⓑ의 크기는 각각 180° − 78° = 102°입니다.
따라서 각 ⓒ의 크기는 360° − 102° − 102° = 156°입니다.

② 밑각이 78°인 사다리꼴로 처음의 사다리꼴과 만날 때까지 이어 붙이면 한 내각의 크기가 156°인 정다각형이 안쪽에 만들어집니다.

③ 각 ⓓ는 이 정다각형의 한 외각입니다.
따라서 각 ⓓ = 180° − 156° = 24°입니다.
정다각형의 외각의 크기의 합은 360°입니다. 이 정다각형의 변의 개수는 360° ÷ 24° = 15개 이므로 정십오각형입니다.

④ 따라서 필요한 사다리꼴의 개수는 15개입니다. (정답)

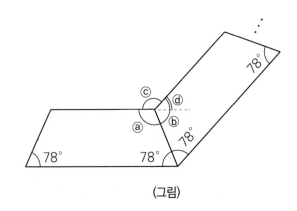

(그림)

[정답] 각 ㉠ = 72°, 각 ㉡ = 102°

[풀이 과정]

① 정육각형의 꼭짓점 A와 B의 각각 점 O 와 연결한 파란색 선분을 긋습니다. 삼각형 AOB는 정삼각형이 되므로 각 ⓐ의 크기는 60°입니다.

② 선분 OC와 선분 AO 는 원의 중심에서 원과 접하는 정오각형의 꼭짓점과 연결한 선분으로 두 선분의 길이가 같으므로 삼각형 AOC는 이등변삼각형입니다.
각 ⓐ + 각 ⓑ = 360° ÷ 5 = 72°입니다.
따라서 각 ⓑ의 크기는 72° - 60° = 12°입니다.

③ 각 OBD 과 각 ⓑ 를 포함하는 삼각형의 한 외각의 크기는 각 ㉠입니다.
따라서 각 ㉠ = 각 OBD + 각 ⓑ = 60° + 12° = 72°입니다.

④ 각 ⓒ의 크기는 각 BOD에서 각 ⓑ 를 빼면 60° - 12° = 48°입니다. 각 OCE와 각 ⓒ 를 포함하는 삼각형의 한 외각의 크기가 각 ㉡입니다.
따라서 각 ㉡ = 각 OCE + 각 ⓒ = 54° + 48° = 102°입니다.

⑤ 따라서 각 ㉠의 크기는 72°이고 각 ㉡의 크기는 102°입니다. (정답)

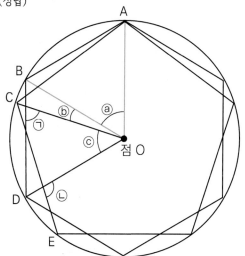

[정답] 각 ㉠ = 65°

[풀이 과정]

① 오각형의 내각의 합은 180° × (5 - 2) = 540°입니다. 내각의 합의 식을 쓰면
80° + ● + ● + ○ + ○ + 100° + 130° = 540°입니다. 따라서 ● + ● + ○ + ○ = 540° - 80° - 100° - 130° = 230° 그러므로 ● + ○ = 230° ÷ 2 = 115°입니다.

② 130°와 ●와 ○를 포함하는 사각형에서 각 ㉠을 구할 수 있습니다. 이 사각형의 내각의 합이 360°에서 130°와 ●와 ○를 합한 값을 빼면 각 ㉡의 크기를 구할수있습니다.
각 ㉡ = 360° - (130° + ● + ○) = 360° - (130° + 115°) = 115°입니다.

③ 따라서 각 ㉡ = 180° - 각 ㉠ = 115°이므로 각 ㉠ = 65° 입니다. (정답)

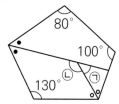

[정답] 정이십사각형

[풀이 과정]

① 이등변삼각형의 내각의 크기의 합은 180°입니다. 각 ㉠ + 각 ⓐ + 각 ⓐ = 180°입니다.
따라서 각 ㉠ = 180° - 각 ⓐ × 2입니다.

② 각 ㉡ = 360° - 각 ⓐ × 2 - 각 ⓑ입니다. 각 ㉡의 크기가 각 ㉠의 크기보다 15° 크기 때문에
각 ㉡ = 각 ㉠ + 15° 의 식을 만족합니다.
360° - 각 ⓐ × 2 - 각 ⓑ = 180° - 각 ⓐ × 2 + 15°이므로 각 ⓑ = 360° - 180° - 15° = 165°입니다.

③ 각 ⓑ = 165°이므로 정다각형의 한 내각의 크기가 165°입니다. 각 ⓒ는 이 정다각형의 한 외각입니다. 각 ⓒ의 크기를 구하면 180° - 165° = 15°입니다. 정다각형의 외각의 크기의 합은 360°이므로 이 정다각형의 변의 개수는 360° ÷ 15° = 24개 입니다.
따라서 정이십사각형입니다. (정답)

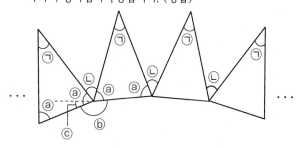

심화문제 **01** ······ P. 38

[정답] 각 ㉠ = 6°, 각 ㉡ = 66°

[풀이 과정]

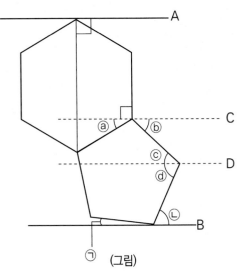

(그림)

① (그림)과 같이 두 직선 A, B와 평행한 선분 C, D를 긋습니다. 정육각형의 한 대각선이 직선 A와 수직으로 만나므로 선분 C와 한 내각에서 90°로 만나는 꼭짓점이 있습니다.
각 ⓐ의 크기는 정육각형의 한 내각의 크기에서 90°를 빼면 120° − 90° = 30°입니다.

② 각 ⓑ의 크기는 180°에서 정오각형의 한 내각의 크기와 각 ⓐ의 크기를 합한 값을 빼면 180° − (108° + 30°) = 42°입니다. 선분 C와 선분 D가 서로 평행하므로 각 ⓑ와 각 ⓒ는 서로 엇각으로 크기가 같습니다.
따라서 각 ⓒ = 42°입니다.

③ 각 ⓓ의 크기는 정오각형의 한 내각의 크기에서 각 ⓒ의 크기를 빼면 108° − 42° = 66°입니다. 선분 D와 선분 B가 서로 평행하므로 각 ⓓ와 각 ㉡는 서로 엇각으로 크기가 같습니다. 따라서 각 ㉡ = 66°입니다.

④ 각 ㉠의 크기는 180°에서 정오각형의 한 내각의 크기와 각 ㉡의 크기를 합한 값을 빼면 180° − (108° + 66°) = 6°입니다.

⑤ 따라서 각 ㉠ = 6°, 각 ㉡ = 66°입니다. (정답)

심화문제 **02** ······ P. 39

[정답] 정다각형의 변의 개수 = 20개

[풀이 과정]

① (그림)과 같이 각 ⓐ는 정오각형의 한 내각이므로 각 ⓐ = 108°이고 정사각형의 한 내각의 크기는 90°입니다. 두 정다각형이 한 꼭짓점에서 만나므로 각 ⓑ의 크기는 360°에서 각 ⓐ와 90°의 합한 값을 빼면 360° − (108° + 90°) = 162°입니다.
따라서 각 ⓑ의 크기는 162°입니다.

② 정오각형과 정사각형을 번갈아 가며 놓으면 나오는 정다각형의 한 내각의 크기는 162°입니다. 각 ⓒ는 이 정다각형의 한 외각입니다. 각 ⓒ의 크기를 구하면 180° − 162° = 18°입니다. 정다각형의 외각의 크기의 합은 360°이므로 이 정다각형의 변의 개수는 360° ÷ 18° = 20개 이므로 정이십각형입니다.

③ 따라서 정다각형의 변의 개수는 20개입니다. (정답)

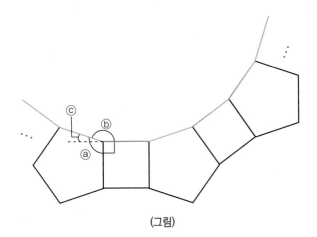

(그림)

[정답] 1800°

[풀이 과정]

① (그림)과 같이 파란색 점선으로 삼각형을 만듭니다.
각 ⓐ와 각 ㉠은 서로 맞꼭지각으로 크기가 같습니다.
각 ⓐ = 각 ㉠ = 180° - (빨간색 두 각의 크기의 합) =
180° - (□ + ■)이므로 빨간색 두 각의 크기의 합은
□ + ■ 의 크기와 같습니다.

② 이와 마찬가지로 각 ⓑ와 각 ㉡은 서로 맞꼭지각으로 크기가 같습니다.
각 ⓑ = 각 ㉡ = 180° - (주황색 두 각의 크기의 합) =
180° - (▲ + △)이므로 주황색 두 각의 크기의 합은
▲ + △ 의 크기와 같습니다.

③ 각 ⓒ와 각 ㉢은 서로 맞꼭지각으로 크기가 같습니다.
각 ⓒ = 각 ㉢ = 180° - (초록색 두 각의 크기의 합) =
180° - (★ + ☆)이므로 초록색 두 각의 크기의 합은
★ + ☆ 의 크기와 같습니다.

④ 각 ⓓ와 각 ㉣은 서로 맞꼭지각으로 크기가 같습니다.
각 ⓓ = 각 ㉣ = 180° - (노란색 두 각의 크기의 합) =
180° - (● + ◎)이므로 노란색 두 각의 크기의 합은
● + ◎ 의 크기와 같습니다.

⑤ 빨간색 선분과 파란색 점선을 연결하면 팔각형 입니다.
도형에 표시된 각의 크기는 팔각형의 내각의 합의 크기와
분홍색으로 색칠된 두 개의 삼각형의 내각의 합의 크기와
사각형의 내각의 합를 더하면 됩니다.
팔각형의 내각의 합의 크기는 180° × (8 - 2) = 1080° 이
고 삼각형의 내각의 합의 크기는 180°입니다.
각 ⓐ + 각 ⓑ + 각 ⓒ + 각 ⓓ는 사각형의 내각의 합의
크기와 같으므로 360°입니다.

⑥ 따라서 도형에 표시된 각의 크기의 합은
1080° + 180° × 2 + 360° = 1800°입니다. (정답)

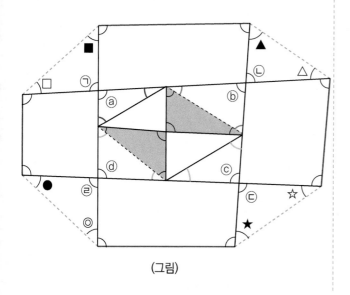

(그림)

[정답] 각 ㉠ = 45°, 각 ㉡ = 75°

[풀이 과정]

① (그림)과 같이 정십이각형의 각 꼭짓점에 알파벳 A 부터
L 까지 적습니다. 보조 선분 AC와 선분 EH 를 긋습니다.
정십이각형의 한 내각의 크기를 먼저 구합니다. 정십이각
형의 내각의 합은 180° × (12 - 2) = 1800°입니다.
따라서 한 내각의 크기는 1800° ÷ 12 = 150°입니다.

② 삼각형 ABC는 이등변삼각형이므로
각 ⓐ = (180° - 150°) ÷ 2 = 15°입니다.
각 ACD의 크기는 150° - 15° = 135°입니다. 사각형
ACDL 은 등변사다리꼴이므로 각 ⓑ의 크기는
180° - 135° = 45°입니다.

③ 사각형 FGHE는 등변사다리꼴이므로 각 ⓒ의 크기는
180° - 150° = 30°입니다. 각 HED의 크기는 150° - 30°
= 120°입니다. 사각형 EHID는 등변사다리꼴이므로 각
ⓓ의 크기는 180° - 120° = 60°입니다.

④ 따라서 각 ㉠의 크기는 150°에서 각 ⓑ와 각 ⓓ의 크기를
합한 값을 빼면 150° - (45° + 60°) = 45°입니다.

⑤ 각 ⓔ의 크기는 정십이각형을 이등분하는 선분 FL 이므로
150° ÷ 2 = 75°입니다. 각 ⓕ의 크기는 ③번과 같은 방법으
로 구하면 45°로 각 ⓑ의 크기와 같습니다.
따라서 각 ⓖ의 크기는 150°에서 각 ⓔ와 각 ⓕ의 크기를 합
한 값을 빼면 150° - (75° + 45°) = 30°입니다.

⑥ 선분 DL 과 선분 FJ 는 서로 평행하므로 각 ⓖ와 각 ⓗ는
엇각으로 크기가 서로 같습니다.
따라서 각 ⓗ = 30°입니다.

⑦ 각 ⓗ 와 각 ㉠을 포함하는 삼각형의 한 외각의 크기는 각
㉡과 같습니다.
따라서 각 ㉡ = 각 ⓗ + 각 ㉠ = 30° + 45° = 75°입니다.

⑧ 따라서 각 ㉠ = 45°, 각 ㉡ = 75°입니다. (정답)

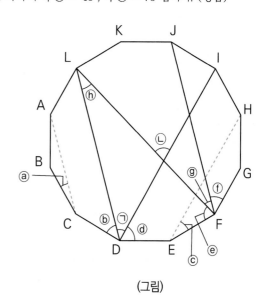

(그림)

창의적문제해결수학　**01**　·········· P. 42

[정답] 각 ㉠ + 각 ㉡ = 155°

[풀이 과정]

① (그림)과 같이 각 ⓐ의 크기는 180° - 115° = 65°입니다.
초록색 선분의 사각형에서 각 ⓑ의 크기는
360° - 90° × 2 - 65° = 115°입니다.

② 보라색 선분과 초록색 선분의 일부를 연결하면 오각형
ABCDE가 나옵니다. 오각형의 내각의 합의 크기는
180° × (5 - 2) = 540°이므로
각 ㉠ + 각 ㉡ = 540° - 90° × 3 - 115° = 155°입니다.
(정답)

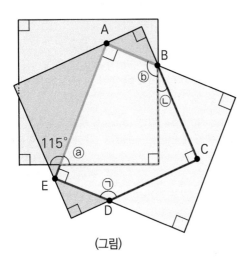

(그림)

창의적문제해결수학　**02**　·········· P. 43

[정답] ㉠ = 75°

[풀이 과정 1]

① (그림 1)과 같이 파란색 도형은 오목다각형입니다.
오목다각형의 외각의 크기의 합에서 각 ⓐ의 크기를 빼면
항상 360°가 나옵니다.

② 주어진 외각의 합은 40° + 65° + 160° + 150° + 50° =
465°입니다. 이 각에서 오목다각형의 각 ⓐ의 외각을 빼
면 항상 360°가 되어야 합니다.
따라서 465° - 각 ⓐ = 360°이므로 각 ⓐ = 105°입니다.

③ 각 ㉠의 크기는 180°에서 각 ⓐ 를 빼면
180° - 105° = 75°입니다.
따라서 각 ㉠ = 75°입니다. (정답)

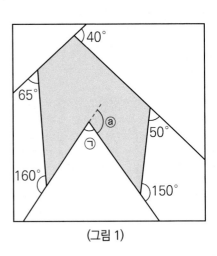

(그림 1)

[풀이 과정 2]

① (그림 2)와 같이 파란색 도형은 오목다각형입니다.
이 다각형은 육각형으로 내각의 크기의 합은
180° × (6 - 2) = 720°입니다.

② 5개의 꼭짓점에서 외각의 크기를 각각 알고 있으므로 각
각의 내각의 크기를 (그림 2)와 같이 구할 수 있습니다.

③ 각 ⓑ의 크기는 육각형의 내각의 크기의 합에서 5개의 내
각의 크기를 각각 빼면
720° - 140° - 115° - 20° - 130° - 30° = 285°입니다.

④ 따라서 각 ㉠의 크기는 360° - 285° = 75°입니다. (정답)

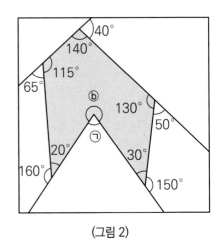

(그림 2)

3. 접기와 각

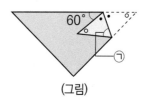

(그림)

대표문제 1 확인하기 1 ·· P. 49

[정답] 각 ㉠ = 117.5°

[풀이 과정]

① (그림)과 같이 등변사다리꼴을 접은 종이를 펼친 모양을 연장선을 사용해 그렸습니다. 두 개의 각 ●와 두 개의 각 ○의 크기가 각각 같습니다.

② 각 AFB의 크기는 등변사다리꼴의 밑각 중 하나이므로 180° – 125° = 55°입니다. 접은 모양에서 각 ACB와 펼친 모양에서 각 AFB는 서로 크기가 같습니다.
따라서 각 ACB = 55°입니다. 선분 AD와 선분 BE는 평행하므로 각 ACB와 각 CBE는 서로 크기가 같은 엇각입니다.
따라서 각 CBE = 55°입니다.

③ 각 FBC의 크기는 180°에서 각 CBE를 빼면 180° – 55° = 125°이므로 각 FBC = 125°입니다.
두 개의 각 ●는 서로 크기가 같으므로 각 ABC의 크기는 125° ÷ 2 = 62.5°입니다.

④ 따라서 각 ㉠의 크기는
각 ABC + 각 CBE = 62.5° + 55° = 117.5°입니다.

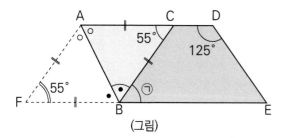

(그림)

대표문제 1 확인하기 2 ·· P. 49

[정답] 각 ㉠ = 75°

[풀이 과정]

① 정사각형 모양의 종이를 대각선을 따라 반으로 접으므로 (그림)과 같이 한 개의 각 ○의 크기는 45°입니다.

② 한 개의 각 ●의 크기는 180°에서 60°를 뺀 값을 반으로 나누면 됩니다.
따라서 각 ● = (180° – 60°) ÷ 2 = 120° ÷ 2 = 60°입니다.

③ 접은 모양의 삼각형의 내각의 크기의 합은 180°이므로 각 ㉠의 크기는 180°에서 한 개의 각 ○와 한 개의 각 ●의 크기를 합한 값을 빼면 됩니다.
따라서 각 ㉠ = 180° – (45° + 60°) = 180° – 105° = 75°입니다.

대표문제 2 확인하기 1 ·· P. 51

[정답] 각 ㉠ = 30°

[풀이 과정]

① 정사각형 모양의 종이를 접으면 아래의 (그림)과 같이 두 개의 각 ●와 두 개의 각 ○의 크기가 각각 같습니다.

② 각 BAC의 크기는 60°이므로 한 개의 각 ●의 크기는 90°에서 60°를 뺀 값을 반으로 나누면 됩니다.
따라서 각 ● = (90° – 60°) ÷ 2 = 30° ÷ 2 = 15°입니다.

③ 한 개의 각 ○의 크기는 삼각형 내각의 크기의 합인 180°에서 한 개의 각 ●와 90°를 합한 값을 빼면 됩니다.
따라서 각 ○ = 180° – (15° + 90°) = 75°입니다.

④ 각 ㉠의 크기는 180°에서 두 개의 각 ○의 크기를 빼면 됩니다.
따라서 각 ㉠ = 180° – (75° × 2) = 30°입니다.

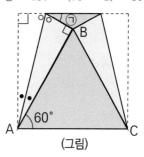

(그림)

대표문제 2 확인하기 2 ·· P. 51

[정답] 각 ㉠ = 36°

[풀이 과정]

① 정오각형의 한 내각의 크기는 180° × (5 – 2) ÷ 5 = 108°입니다. 아래의 (그림)과 같이 한 꼭짓점에서 정오각형을 접었을 때 나오는 삼각형은 두 변의 길이가 같은 이등변삼각형입니다. 이 삼각형의 한 내각의 크기는 108°이므로 두 밑각은 각 ●으로 크기가 같습니다.
따라서 각 ●의 크기는 (180° – 108°) ÷ 2 = 36°입니다.

② 각 ㉠의 크기는 108°에서 두 개의 각 ●의 크기를 빼면 됩니다.
따라서 각 ㉠ = 108° – (36° × 2) = 36°입니다. (정답)

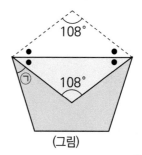

(그림)

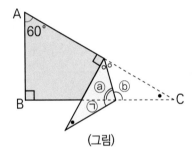

③ 정답 및 풀이

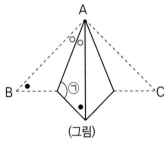

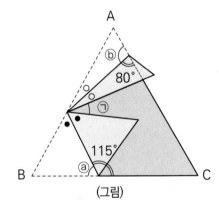

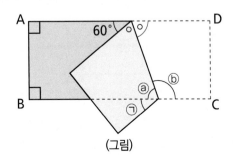

연습문제 01 .... P. 52

[정답] 각 ㉠ = 30°

[풀이 과정]

① 직각삼각형 ABC를 접으면 (그림)과 같이 두 개의 각 ●와 두 개의 각 ○의 크기가 각각 같습니다.
또한 각 ⓑ = 각 ⓐ + 각 ㉠ 입니다.

② 각 ●의 크기는 직각삼각형 ABC에서 한 내각의 크기이므로 180° − (90° + 60°) = 30°입니다.
각 ○의 크기는 (180° − 90°) ÷ 2 = 45°입니다.
각 ⓑ의 크기는 180° − (45° + 30°) = 105°입니다.
따라서 각 ⓐ + 각 ㉠ = 105°입니다.

③ 각 ⓑ, 각 ●와 각 ○을 내각인 삼각형에서 각 ⓐ의 크기는 각 ● + 각 ○ = 30° + 45° = 75°입니다.

④ 각 ㉠의 크기는 각 ⓐ의 크기와 각 ㉠의 크기의 합(각 ⓑ)에서 각 ⓐ의 크기를 빼면 됩니다.
따라서 각 ㉠의 크기 = 105° − 75° = 30°입니다. (정답)

(그림)

연습문제 02 .... P. 52

[정답] 각 ㉠ = 60°

[풀이 과정]

① 직각사각형 ABCD를 접으면 (그림)과 같이 두 개의 각 ○의 크기는 같습니다. 또한, 각 ⓑ = 각 ⓐ + 각 ㉠ 입니다.

② 각 ○의 크기는 (180° − 60°) ÷ 2 = 60°입니다. 선분 AD와 선분 BC가 서로 평행하므로 빨간색 각 ○와 각 ⓐ의 크기는 같습니다.
따라서 각 ⓐ = 60°입니다.
각 ⓑ의 크기는 180° − 각 ⓐ = 180° − 60° = 120°입니다.

③ 각 ㉠의 크기는 각 ⓐ의 크기와 각 ㉠의 크기의 합에서 각 ⓐ의 크기를 빼면 됩니다.
따라서 각 ㉠의 크기 = 120° − 60° = 60°입니다. (정답)

(그림)

연습문제 03 .... P. 52

[정답] 각 ㉠ = 112.5

[풀이 과정]

① 직각이등변삼각형 ABC를 접으면 (그림)과 같이 두 개의 각 ●와 두 개의 각 ○의 크기가 각각 같습니다.

② 각 ●의 크기는 직각이등변삼각형 ABC에서 한 내각의 크기이므로 (180° − 90°) ÷ 2 = 45°입니다. 각 ○의 크기는 90° ÷ 4 = 22.5°입니다.

③ 따라서 각 ㉠의 크기 = 180° − (45° + 22.5°) = 112.5° 입니다.

(그림)

연습문제 04 .... P. 53

[정답] 각 ㉠ = 30°

[풀이 과정]

① 정삼각형 ABC를 접으면 (그림)과 같이 두 개의 각 ●와 두 개의 각 ○의 크기는 각각 같습니다.

② 각 ⓑ의 크기는 180° − 80° = 100°입니다. 각 BAC는 정삼각형의 한 내각의 크기이므로 60°입니다.
따라서 각 ○의 크기는 180° − (60° + 100°) = 20°입니다.

③ 각 ⓐ의 크기는 180° − 115° = 65°입니다. 각 CBA는 정삼각형의 한 내각의 크기이므로 60°입니다.
따라서 각 ●의 크기는 180° − (60° + 65°) = 55°입니다.

④ 각 ㉠ = 180° − (각 ● + 각 ○) × 2 = 180 − (20 + 55) × 2 = 30°입니다. (정답)

(그림)

[정답] 각 ㉠ = 67.5°

[풀이 과정]

① (그림)은 평행사변형 모양의 종이를 접은 종이를 펼친 모양을 연장선을 사용해 그렸습니다. 두 개의 각 ●와 두 개의 각 ○의 크기는 각각 같습니다.

② 각 ○은 평행사변형의 한 내각이므로 180° − 140° = 40°입니다. 두 개의 각 ●와 한 개의 각 ○을 내각으로 하는 삼각형에서 95°는 두 개의 각 ●와 각 ○를 합한 값과 같습니다. 두 개의 각 ●의 크기의 합은 95° − 40° = 55°입니다.

따라서 한 각 ●의 크기 = 55° ÷ 2 = 27.5°입니다.

③ 주황색 삼각형에서 각 ●와 각 ㉠의 크기를 합한 값과 95°와 같습니다.

따라서 각 ㉠의 크기 = 95° − 27.5° = 67.5°입니다. (정답)

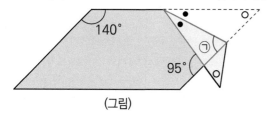

(그림)

[정답] 각 ㉠ = 80°

[풀이 과정]

① (그림)은 이등변삼각형 모양의 종이를 펼친 모양을 연장선을 사용해 그렸습니다. 네 개의 각 ●의 크기는 서로 같습니다.

② 이등변삼각형 ABC의 내각의 크기는 180°이므로 각 ● × 3 + 60° = 180°입니다.

따라서 각 ●의 크기는 (180° − 60°) ÷ 3 = 40°입니다.

③ 빨간색 삼각형에서 두 개의 각 ●의 크기를 합한 값은 각 ㉠의 크기와 같습니다.

따라서 각 ㉠의 크기 = 40° + 40° = 80°입니다. (정답)

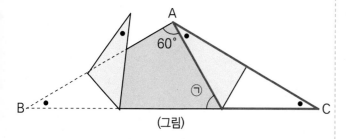

(그림)

[정답] 각 ㉠ = 20°

[풀이 과정]

① 정사각형 ABCD를 접으면 (그림)과 같이 두 개의 각 ●와 두 개의 각 ○의 크기는 각각 같습니다.

② 각 ○의 크기는 (180° − 50°) ÷ 2 = 65°입니다. 삼각형 AFB에서 각 ●의 크기는 180° − (90° + 65°) = 25°입니다.

③ 각 ⓐ의 크기는 90° − (25° × 2) = 40°입니다.

선분 AB = 선분 BE = 선분 BC이므로 삼각형 BEC는 이등변삼각형입니다.

따라서 각 ⓑ의 크기는 (180° − 40°) ÷ 2 = 70°입니다.

④ 따라서 각 ㉠의 크기 = 90° − 각 ⓑ = 90° − 70° = 20°입니다. (정답)

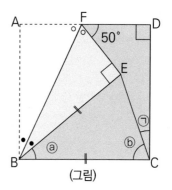

(그림)

[정답] 각 ㉠ = 45°

[풀이 과정]

① (그림)과 같은 정팔각형 모양의 종이를 펼친 모양을 연장선을 사용해 그렸습니다. 두 개의 각 ●와 두 개의 각 ○의 크기가 각각 같습니다.

② 정팔각형의 한 내각의 크기는 180° × (8 − 2) ÷ 8 = 135°입니다. (그림)과 같이 정팔각형을 접었을 때 나오는 삼각형은 두 변의 길이가 같은 이등변삼각형입니다. 이 삼각형의 한 내각의 크기는 135°이고 다른 두 각의 크기는 각 ●으로 크기가 같습니다.

따라서 각 ●의 크기는 각각 (180° − 135°) ÷ 2 = 22.5°입니다.

③ 각 ㉠의 크기는 135°에서 4개의 각 ●을 합한 값을 빼면 됩니다.

따라서 각 ㉠ = 135° − (22.5° × 4) = 45°입니다. (정답)

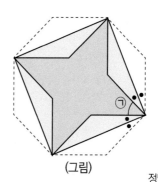

(그림)

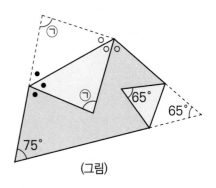

(그림)

연습문제 09 .... P. 55

[정답] 각 ㉠ = 60°

[풀이 과정]

① (그림)은 등변사다리꼴 모양의 종이를 펼친 모양을 연장
선을 사용해 그렸습니다. 두 개의 각 ●의 크기는 서로 같
습니다. 또한, 각 ⓑ = 각 ⓐ + 20°입니다.

② 각 ⓐ + 각 ⓑ = 180°이고 각 ⓑ = 각 ⓐ + 20° 이므로
각 ⓐ = 80°, 각 ⓑ = 100°입니다. 두 주황색 선분은 서로
평행이므로 각 ⓐ와 파란색 각 ●의 크기는 엇각으로 서로
같습니다.
따라서 각 ●의 크기는 80°입니다.

③ 각 ⓒ의 크기는 180°에서 두 개의 각 ●의 크기를 합한 값을
빼면 됩니다.
따라서 각 ⓒ의 크기는 180° − 80° × 2 = 20°입니다.

④ 각 ㉠은 각 ⓒ와 40°가 내각인 삼각형의 외각이므로
각 ㉠의 크기 = 각 ⓒ + 40° = 20° + 40° = 60°입니다.
(정답)

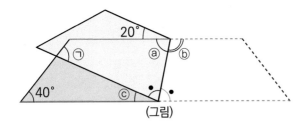

(그림)

연습문제 10 .... P. 55

[정답] 각 ㉠ = 70°

[풀이 과정]

① (그림)은 사각형 모양의 종이를 펼친 모양을 연장선을 사
용해 그렸습니다. 세 개의 각 ●의 크기와 세 개의 각 ○의
크기는 각각 같습니다.

② 세 개의 각 ●의 크기의 합은 180°이므로 한 개의 각 ● = 60°
입니다. 삼각형의 내각의 합은 180°이므로 각 ㉠ + 각 ● + 각
○ = 180°입니다.
따라서 각 ○ + 각 ㉠ = 120°입니다.

③ 사각형의 네 각의 합은 360°이므로
각 ㉠ + 각 ○ × 3 + 65° + 75° = 360°입니다
각 ㉠ + 각 ○ × 3 = 220°입니다. 각 ○ + 각 ㉠ = 120°이므로
각 ○ × 2 = 100°입니다.
따라서 각 ○의 크기는 50°입니다.

④ 각 ㉠은 120°에서 각 ○의 크기를 빼면 됩니다.
따라서 각 ㉠ = 120° − 50° = 70°입니다. (정답)

심화문제 01 .... P. 56

[정답] 각 ㉠ = 10°

[풀이 과정]

① 정사각형을 접으면 (그림)과 같이 두 개의 각 ●와 두 개의
각 ○의 크기는 각각 같습니다. 또한, 두 개의 각 ⓒ의 크기
는 서로 같습니다.

② 각 ●의 크기는 (180° − 70°) ÷ 2 = 55°입니다. 따라서 각 ⓒ
의 크기는 180° − (90° + 55°) = 35°입니다.

③ 각 ○의 크기는 (180° − 120°) ÷ 2 = 30°입니다. 따라서 각
ⓐ의 크기는 180° − (90° + 30°) = 60°입니다.

④ 각 ⓑ의 크기는 180°에서 두 개의 각 ⓐ의 크기의 합을 빼면
됩니다. 따라서 각 ⓑ = 180° − 60° × 2 = 60°입니다.

⑤ 따라서 각 ㉠ = 각 ⓒ × 2 − 각 ⓑ = 35° × 2 − 60° = 70°
− 60° = 10°입니다. (정답)

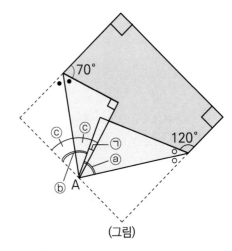

(그림)

심화문제 02 .... P. 57

[정답] 각 ㉠ = 140°

[풀이 과정]

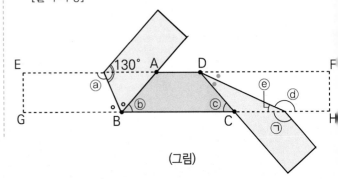

(그림)

① (그림)은 직사각형 모양의 종이를 펼친 모양을 연장선을 사용해 그렸습니다. 두 개의 각 ●의 크기, 두 개의 각 ○의 크기, 각 ⓓ와 각 ㉠의 크기는 각각 같습니다.
또한, 130° 와 각 ⓐ는 서로 크기가 같습니다.
따라서 각 ⓐ = 130°입니다.

② 선분 EF와 선분 GH는 서로 평행이므로 각 ⓐ와 각 ○ + 각 ⓑ 는 엇각으로 서로 크기가 같습니다. 각 ○ + 각 ⓑ = 130°이므로 각 ○의 크기는 180° – 130° = 50°입니다.
따라서 각 ⓑ = 80°입니다.

③ 등변사다리꼴 ABCD 이므로 각 ⓒ = 80°입니다. 선분 EF와 GH는 서로 평행이므로 각 ⓒ와 두 개의 각 ●의 크기의 합은 엇각으로 서로 크기가 같습니다.
따라서 각 ● × 2 = 80°이므로 각 ●의 크기는 40°입니다.

④ 선분 EF와 GH는 서로 평행이므로 각 ⓔ와 한 개의 각 ●은 엇각으로 서로 크기가 같습니다.
따라서 각 ⓔ의 크기는 40°입니다.

⑤ 각 ⓓ의 크기는 180° – 40° = 140°입니다. 각 ⓓ와 각 ㉠의 크기는 서로 같으므로 각 ㉠의 크기는 140°입니다. (정답)

심화문제 03 .... P. 58

[정답] 각 ㉠ = 75°

[풀이 과정]

① (그림 1)과 정사각형 모양의 종이를 접었을 때, 각 ●의 크기는 (90° – 60°) ÷ 2 = 15°입니다. (그림 1)과 같은 각으로 계속 접었을 때, (그림 2)와 같이 각 ⓐ의 크기는 90° – (15° × 4) = 30°입니다.

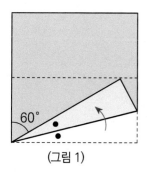

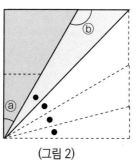

(그림 1)　　　　(그림 2)

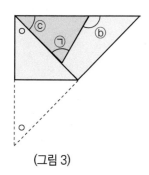

(그림 3)

② 각 ⓐ와 90°를 포함하는 삼각형의 외각이 각 ⓑ이므로 각 ⓑ의 크기는 90° + 각 ⓐ = 90° + 30° = 120°입니다.

③ (그림 3)은 (그림 2)를 반으로 접었을 때 모습이므로 두 개의 각 ○의 크기는 서로 같습니다.
따라서 각 ○의 크기는 각 ● + 각 ⓐ = 15° + 30° = 45°입니다.
따라서 각 ⓒ의 크기는 90° – 각 ○ = 90° – 45° = 45°입니다.

④ 각 ⓒ와 각 ㉠을 포함하는 삼각형의 외각이 각 ⓑ 이므로 각 ⓑ = 각 ⓒ + 각 ㉠ 입니다.
따라서 각 ㉠ = 각 ⓑ – 각 ⓒ = 120° – 45° = 75°입니다.

심화문제 04 .... P. 59

[정답] 각 ㉠ = 55°

[풀이 과정]

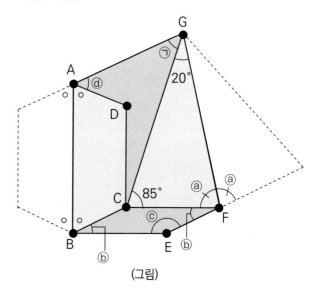

(그림)

① (그림)은 육각형 모양의 종이를 펼친 모양을 연장선을 사용해 그렸습니다. 등변사다리꼴 ABCD 꼴이므로 네 개의 각 ○의 크기는 모두 같습니다.
또한, 두 개의 각 ⓐ의 크기는 각각 같습니다.

② 삼각형 GCF에서 각 ⓐ의 크기는 180° – (85° + 20°) = 75°입니다.
따라서 각 ⓑ의 크기는 180° – (75° × 2) = 30°입니다.

③ 평행사변형 BEFC 이므로 각 ⓒ = 180° – 30° = 150° 입니다. 등변사다리꼴 ABCD에서 두 개의 각 ○의 크기가 같으므로 각 ⓓ의 크기는 180° – 각 ○ × 2입니다.

④ 오각형 ABEFG의 내각의 합이 540°이므로
540° = 각 ○ + 각 ⓓ + 각 ㉠ + 20° + 각 ⓐ + 각 ⓒ + 각 ⓑ × 2 + 각 ○ 입니다.
540° = 각 ○ + (180° – 각 ○ × 2) + 각 ㉠ + 20° + 75° + 150° + 30° × 2 + 각 ○ 이므로
각 ㉠ = 540° – 180° – 20° – 150° – 75° – 60° = 55°입니다. (정답)

[정답] 각 ㉠ = 67.5°, 잘린 정사각형의 모양 : 풀이과정 참조

[풀이 과정]

① (그림 1)는 종이비행기를 자른 후 한 번만 펼친 모양입니다. (그림 1)에서 접힌 부분을 더 펼쳤을 때, (그림 2)과 같이 정사각형에 접힌 부분이 점선으로 나타납니다. (그림 2)에서 6개의 각 ● 의 크기는 서로 같습니다.

② 한 개의 각 ● 의 크기는 180° ÷ 8 = 22.5°입니다. 따라서 각 ㉠의 크기는
180° − (각 ● + 90°) = 180° − 112.5° = 67.5°입니다. (정답)

③ 아래 (그림 3)과 같이 종이비행기를 오렸을 때, 정사각형에 나타나는 선분의 각도가 135°가 되도록 선분을 긋습니다.

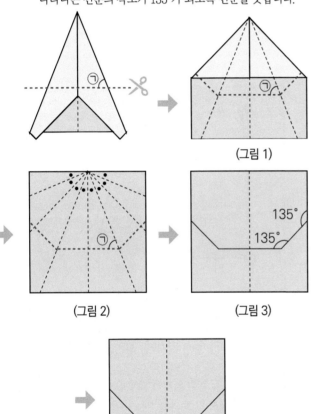

(그림 1)

(그림 2)   (그림 3)

(정답)

[정답] 각 ㉠ = 105°

[풀이 과정]

① (그림 1) 은 종이를 뒤집고 펼친 모양을 연장선을 사용해 그렸습니다. (그림 2)는 종이를 펼친 모양을 연장선을 사용해 그렸습니다. (그림 3)에서 6개의 각 ● 크기는 모두 같습니다.

② 한 개의 각 ● 의 크기는 180° ÷ 6 = 30°입니다. 각 ○의 크기는 정사각형을 반으로 접은 각이므로 45°입니다.

③ (그림 3)에서 각 ㉠의 크기는 빨간색 삼각형에 외각이므로 2개의 각 ● 의 크기의 합 + 각 ○과 같습니다. 따라서 각 ㉠ = 각 ○ + 각 ● × 2 = 45° + 30° × 2 = 105° 입니다. (정답)

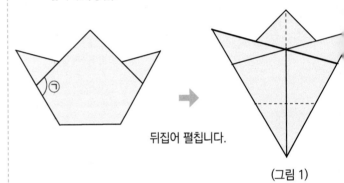

뒤집어 펼칩니다.

(그림 1)

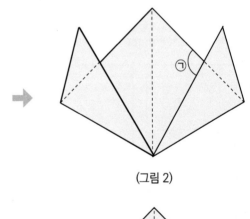

(그림 2)

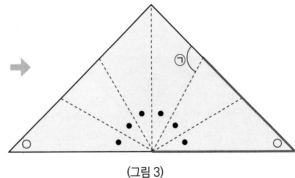

(그림 3)

4. 붙여 만든 도형

대표문제1   확인하기 1 ·· P. 67

[정답] 직사각형 ABCD의 둘레 = 44

[풀이 과정]

① (그림)과 같이 가장 작은 정사각형의 한 변의 길이가 2이
   므로 정사각형 ⓐ의 한 변의 길이는 4입니다.
   그러므로 정사각형 ⓑ의 한 변의 길이는 8입니다.

② 선분 BC = 6 + 8 = 14, 선분 DC = 8이므로 직사각형
   ABCD의 둘레는 (14 + 8) × 2 = 44입니다. (정답)

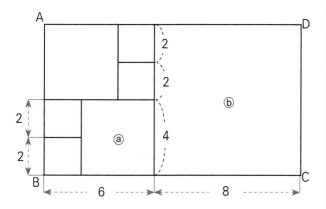

대표문제1   확인하기 2 ·· P. 67

[정답] 직사각형 A의 둘레 = 28

[풀이 과정]

① (그림)과 같이 가장 큰 직사각형의 가로의 길이와 정사각
   형 ⓐ의 한 변의 길이가 같습니다.
   따라서 정사각형 ⓑ의 한 변의 길이는 39 - 25 = 14입니다.

② 정사각형 ⓑ의 한 변의 길이가 14이므로 정사각형 ⓒ의 한
   변의 길이는 25 - 14 = 11입니다.
   따라서 직사각형 A의 가로의 길이는 14 - 11 = 3입니다.

③ 따라서 직사각형 A의 가로와 세로의 길이는 각각 3, 11이
   므로 직사각형 A의 둘레는 (3 + 11) × 2 = 28입니다.
   (정답)

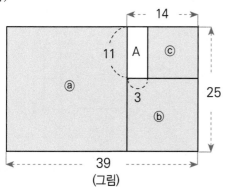

(그림)

대표문제2   확인하기 ·· P. 69

[정답] 직사각형 (가)의 넓이 = 32

[풀이 과정]

① (그림)에서 넓이가 16인 정사각형의 한 변의 길이는 4이
   므로 넓이가 20인 직사각형의 세로의 길이는 20 ÷ 4 = 5
   입니다.

② 정사각형 ⓐ의 한 변의 길이는 5이므로 넓이가 15인 직사
   각형의 가로의 길이는 15 ÷ 5 = 3입니다.

③ 직사각형 (가)의 가로의 길이는 5 + 3 = 8이고 세로의
   길이는 4입니다. 따라서 직사각형 (가)의 넓이는 8 × 4
   = 32입니다. (정답)

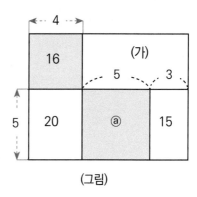

(그림)

연습문제   01 ·· P. 70

[정답] 직사각형 (가)의 둘레 = 35

[풀이 과정]

① (그림)과 같이 직사각형 ABCD의 가로와 세로의 길이를 각각
   a와 b라고 둡니다. 직사각형 ABCD의 둘레가 45이므로
   a × 2 + b × 2 = 45입니다.

② 정사각형 ⓐ의 한 변의 길이가 5이므로 직사각형 (가)의
   가로의 길이는 a - 5입니다.

③ 따라서 직사각형 (가)의 둘레는
   (a - 5) × 2 + b × 2 = a × 2 + b × 2 - 10 = 45 - 10
   = 35입니다. (정답)

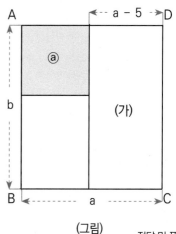

(그림)

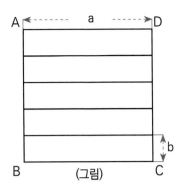

A ←——— a ———→ D

b

B (그림) C

연습문제 **02** .... P. 70

[정답] 32

[풀이 과정]

① (그림)에서 정육각형의 한 변의 길이가 2이므로 정삼각형 ⓐ의 한 변의 길이는 2입니다.

② (정삼각형 ⓑ의 한 변의 길이) = (정삼각형 ⓐ의 한 변의 길이) + (정육각형의 한 변의 길이) = 2 + 2 = 4입니다.

③ (정삼각형 ⓒ의 한 변의 길이) = (정삼각형 ⓑ의 한 변의 길이) + (정육각형의 한 변의 길이) = 4 + 2 = 6입니다.

④ (정삼각형 ⓓ의 한 변의 길이) = (정삼각형 ⓒ의 한 변의 길이) + (정육각형의 한 변의 길이) = 6 + 2 = 8입니다.

⑤ 따라서 이 도형의 둘레는 (정육각형의 한 변의 길이) × 2 + (정삼각형 ⓐ의 한 변의 길이) + (정삼각형 ⓑ의 한 변의 길이) + (정삼각형 ⓒ의 한 변의 길이) + (정삼각형 ⓓ의 한 변의 길이) × 2

= 2 × 2 + 2 + 4 + 6 + 8 × 2 = 4 + 2 + 4 + 6 + 16 = 32입니다.

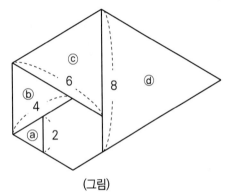

(그림)

연습문제 **03** .... P. 70

[정답] 정사각형 ABCD의 넓이 = 1225

[풀이 과정]

① (그림)과 같이 가장 작은 직사각형 한 개의 가로와 세로의 길이를 각각 a와 b라고 둡니다. 가장 작은 직사각형의 둘레가 84이므로 a × 2 + b × 2 = 84입니다.

② 정사각형 ABCD의 가로와 세로의 길이는 각각 a와 b × 5 이므로 두 길이가 같아야 합니다. 따라서 a = b × 5 입니다.

③ 위의 두 식 a × 2 + b × 2 = 84와 a = b × 5 에서 (b × 5) × 2 + b × 2 = 84이므로 b × 12 = 84 입니다. 따라서 b = 7 이고 a = b × 5 = 35입니다

④ 따라서 정사각형 ABCD는 한 변의 길이가 35이므로 넓이는 35 × 35 = 1225입니다.

연습문제 **04** .... P. 71

[정답] 빨간색 선의 총 길이 = 32

[풀이 과정]

① (그림)과 같이 정사각형 9개를 꼭짓점과 정사각형의 중심이 만나도록 겹쳐 놓았으므로 ⓐ의 길이는 1입니다. ⓑ의 길이는 정사각형의 한 변의 길이이므로 2입니다.

② (그림)에서 ⓐ의 길이의 개수는 총 8개이고 ⓑ의 길이의 개수는 총 12개 입니다. 따라서 이 도형의 빨간색 선의 총 길이는 1 × 8 + 2 × 12 = 8 + 24 = 32입니다. (정답)

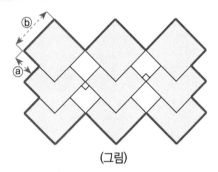

(그림)

연습문제 **05** .... P. 71

[정답] 40

[풀이 과정]

① (그림)과 같이 빨간색 연장선을 그으면 이 도형의 둘레 중 일부인 노란색 선분의 길이와 같습니다.

② (그림)에서 ⓐ의 길이는 정사각형의 한 변의 길이와 같습니다. 따라서 ⓐ의 길이 = 5입니다. 이와 마찬가지로 ⓑ의 길이는 정사각형의 한 변의 길이와 같습니다. 따라서 ⓑ의 길이 = 5입니다.

③ 이 도형의 둘레는 정사각형 ABCD의 둘레와 같습니다. 따라서 주어진 도형의 둘레는 10 × 4 = 40입니다. (정답)

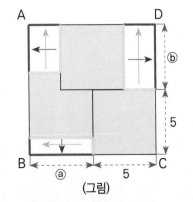

(그림)

연습문제 **06** ⋯⋯⋯⋯⋯⋯ P. 71

[정답] 파란색 정사각형의 넓이 = 144

[풀이 과정]

① (그림)과 같이 가장 작은 직사각형의 가로와 세로의 길이를 각각 a와 b 라고 둡니다. 가장 작은 직사각형의 둘레가 18이므로 a × 2 + b × 2 = 18입니다.

② 파란색 정사각형의 한 변의 길이는 a × 2입니다.
따라서 빨간색 둘레의 직사각형 ABCD의 마주보는 가로의 길이는 서로 같아야하므로 a × 3 = b × 2 + a × 2입니다.

③ 위의 두 식 a × 2 + b × 2 = 18 와
a × 3 = b × 2 + a × 2 을 이용하면
a × 3 = 18이므로 a = 6입니다.
파란색 정사각형의 한 변의 길이는 6 × 2 = 12입니다. 따라서 파란색 정사각형의 넓이는 12 × 12 = 144입니다.(정답)

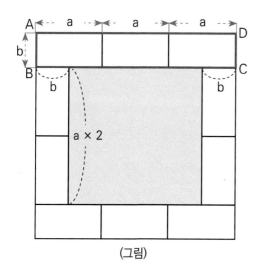

(그림)

연습문제 **07** ⋯⋯⋯⋯⋯⋯ P. 72

[정답] 큰 직사각형 ABCD의 넓이 = 770

[풀이 과정]

① (그림)와 같이 가장 작은 정사각형 한 개의 넓이가 49이므로 초록색 정사각형의 한 변의 길이가 7입니다.
직사각형 (가)의 세로의 길이는 (초록색 정사각형의 한 변의 길이 × 2) = 14입니다
직사각형 (가)의 둘레가 34이므로 가로의 길이는 (34 - 14 × 2) ÷ 2 = 3입니다.

② 주황색 정사각형의 한 변의 길이는 직사각형 (가)의 세로의 길이와 같으므로 14입니다.

③ (분홍색 정사각형의 한 변의 길이) = (직사각형 (가)의 가로의 길이 + 주황색 정사각형의 한 변의 길이 + 초록색 정사각형의 한 변의 길이) ÷ 3 = (3 + 14 + 7) ÷ 3 = 8입니다.

④ 파란색의 정사각형 한 변의 길이 = (직사각형 (가)의 세로의 길이 + 분홍색 정사각형의 한 변의 길이) ÷ 2 = (14 + 8) ÷ 2 = 11입니다.

⑤ 큰 직사각형 ABCD의 가로와 세로의 길이는 각각 3 + 14 + 7 + 11 = 35, 11 + 11 = 22입니다.
따라서 큰 직사각형 ABCD의 넓이는 35 × 22 = 770입니다.

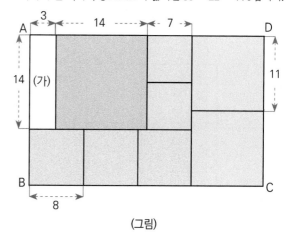

(그림)

연습문제 **08** ⋯⋯⋯⋯⋯⋯ P. 72

[정답] 파란색 직사각형의 둘레 = 64

[풀이 과정]

① (그림)과 같이 작은 직사각형의 짧은 변의 길이와 정사각형의 한 변의 길이를 a 로 두고 작은 직사각형의 긴 변의 길이를 b 라고 둡니다.

② 파란색 직사각형의 가로의 길이에서 ㉠의 길이는 20 - (정사각형의 한 변의 길이) = 20 - a 입니다.
파란색 직사각형의 세로의 길이에서 ㉡의 길이는 12 - (작은 직사각형의 긴 변의 길이) = 12 - b 입니다.

③ 따라서 파란색 직사각형의 둘레는 (20 - a + b + 12 - b + a) × 2 = 32 × 2 = 64입니다.(정답)

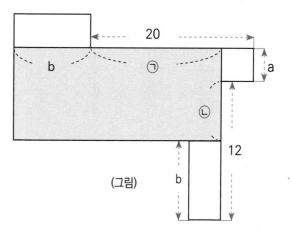

(그림)

연습문제 **09** .... P. 73

[정답] 직사각형 (가)의 넓이 = 35.2

[풀이 과정]

① (그림 1)에서 (ⓐ × ⓓ) × (ⓑ × ⓒ) = (ⓐ × ⓑ) × (ⓓ × ⓒ)이므로 12 × 35 = (A + 24) × 10입니다.
따라서 A의 넓이 = (12 × 35 ÷ 10) − 24 = 18입니다.

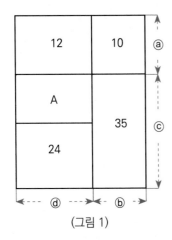

(그림 1)

② (그림 2)에서 넓이가 24인 직사각형의 세로의 길이와 같도록 넓이가 35인 직사각형을 두 개의 직사각형 B와 C 로 나눕니다.

③ (ⓐ × ⓑ) × (ⓓ × ⓔ) = (ⓐ × ⓓ) × (ⓑ × ⓔ)이므로 10 × A = 12 × B 입니다.
A = 18이므로 B의 넓이 = 10 × 18 ÷ 12 = 15입니다.
따라서 C의 넓이는 35 − 15 = 20입니다.

④ (그림 3)에서 (㉠ × ㉡) × (㉢ × ㉣) = (㉠ × ㉣) × (㉡ × ㉢)이므로 44 × C = (10 + B) × (가) 입니다.
B = 15 이고 C = 20이므로 직사각형 (가)의 넓이
= 44 × 20 ÷ (10 + 15) = 35.2입니다. (정답)

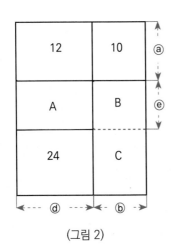

(그림 2)

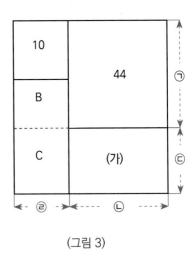

(그림 3)

연습문제 **10** .... P. 73

[정답] 120

[풀이 과정]

① (그림)과 같이 초록색 선분을 빨간색 선분으로 옮겨 놓으면 한 변의 길이가 6, 10, 14인 정사각형 3개가 나옵니다.

② 따라서 그어진 선분의 총 길이는
6 × 4 + 10 × 4 + 14 × 4 = 120입니다. (정답)

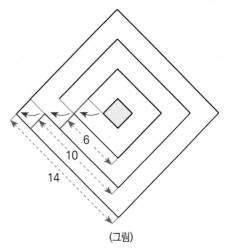

(그림)

심화문제 **01** .... P. 74

[정답] 자르기 전 파란색 직사각형의 (가로의 길이, 세로의 길이)
= (72, 13)

[풀이 과정]

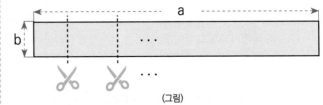

(그림)

① (그림)과 같이 파란색 직사각형의 가로와 세로의 길이를 각각 a와 b 라고 둡니다. 파란색 직사각형의 둘레가 170이 므로 a × 2 + b × 2 = 170입니다.

② 8개의 직사각형의 둘레의 총합은

32 + 40 + 41 + 42 + 45 + 47 + 50 + 55 = 352 입니다. (그림)과 같이 잘랐을 때, 가로의 길이는 2번, 세로의 길이는 16번 더하면 8개의 직사각형의 둘레의 총합인 352가 나옵니다.

식으로 쓰면 a × 2 + b × 16 = 352입니다.

③ 위의 두 식 a × 2 + b × 2 = 170 와 a × 2 + b × 16 = 352 를 사용하면 b × 14 = 182이므로 b = 13입니다.

따라서 a = (170 − 13 × 2) ÷ 2 = 72입니다.

④ 자르기 전에 파란색 직사각형의 가로와 세로의 길이는 각각 72, 13입니다. (정답)

심화문제 **02** ·············· P. 74

[정답] 208cm

[풀이 과정]

① 정사각형 16개를 붙여 만든 도형의 넓이가 1024cm²이므로 정사각형 한 개의 넓이는 1024 ÷ 16 = 64입니다. 따라서 정사각형 한 개의 한 변의 길이는 8cm 입니다.

② (그림)과 같이 그은 빨간색 연장선은 이 도형의 둘레 중 일부인 초록색 선분의 총 길이와 같습니다.

따라서 직사각형 ABCD의 둘레를 구하면 됩니다.

하지만 노란색 선분은 직사각형 ABCD의 둘레에 포함되지 않으므로 따로 더해줘야 합니다.

③ 직사각형 ABCD의 가로의 길이는 (정사각형의 한 변의 길이) × 5 = 8 × 5 = 40cm입니다.

직사각형 ABCD의 세로의 길이는 (정사각형의 한 변의 길이) × 6 = 8 × 6 = 48cm 입니다.

따라서 직사각형 ABCD의 둘레는 (40 + 48) × 2 = 176cm 입니다.

④ (그림)에서 도형의 둘레는

(직사각형 ABCD의 둘레) + (노란색 선의 길이) × 4 = 176 + 8 × 4 = 208cm 입니다. (정답)

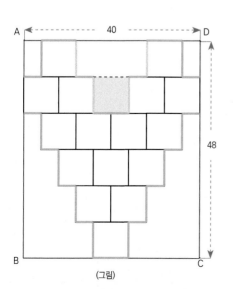

(그림)

심화문제 **03** ·············· P. 75

[정답] 6개

[풀이 과정]

① (그림)에서 가로, 세로의 길이가 각각 3300, 900인 직사각형에서 만들 수 있는 가장 큰 정사각형의 한 변의 길이는 900입니다.

② 한 변의 길이가 900인 정사각형 3개를 만들고 난 후 나머지 가로, 세로의 길이가 각각 600, 900인 직사각형이 남습니다. 이 직사각형에서 가장 큰 정사각형은 한 변의 길이가 600입니다.

③ 한 변의 길이가 600인 정사각형 1개를 만들고 난 후 나머지 가로, 세로의 길이가 각각 600, 300인 직사각형이 남습니다. 이 직사각형에서 가장 큰 정사각형은 한 변의 길이가 300입니다.

④ 따라서 가로, 세로의 길이가 각각 3300, 900인 직사각형에서 아래 (그림)과 같이 6개의 정사각형을 오릴 수 있습니다. (정답)

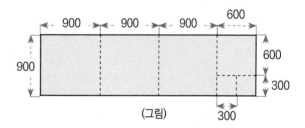

(그림)

심화문제 **04** ·············· P. 75

[정답] 4배

[풀이 과정]

① (그림)과 같이 가장 작은 직사각형에서 짧은 변의 길이를 a 라고 두면 긴 변의 길이는 a × 2가 됩니다.

따라서 파란색 정사각형의 한 변의 길이는

a × 2 + a × 2 = a × 4입니다.

② 분홍색 직사각형의 긴 변의 길이는

a + a × 2 = a × 3입니다.

따라서 가장 큰 정사각형의 한 변의 길이는

a × 3 + a × 3 + a × 2 = a × 8입니다.

③ 가장 작은 정사각형은 파란색 정사각형이므로

넓이는 a × 4 × a × 4 = a × a × 16입니다.

가장 큰 정사각형의 넓이는 a × 8 × a × 8 = a × a × 64 입니다.

따라서 가장 큰 정사각형의 넓이는 가장 작은 정사각형의 넓이의 (a × a × 64) ÷ (a × a × 16) = 4배 입니다.

(정답)

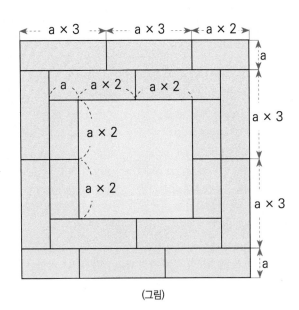

(그림)

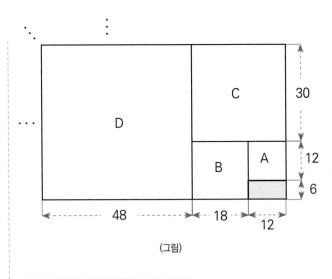

(그림)

[정답] 정사각형 G의 넓이 = 41616

[풀이 과정]

① (그림)에서 둘레가 36 인 파란색 직사각형의 세로의 길이
가 6이므로 가로의 길이는 36 ÷ 2 - 6 = 12입니다.
따라서 정사각형 A의 한 변의 길이는 12입니다.

② 정사각형 B의 한 변의 길이는
(파란색 직사각형의 세로의 길이) + (정사각형 A의 한 변의 길이)
이므로 6 + 12 = 18입니다.
정사각형 C의 한 변의 길이는
(정사각형 B의 한 변의 길이) + (정사각형 A의 한 변의 길이)
이므로 18 + 12 = 30입니다.

③ 정사각형 D의 한 변의 길이는
(정사각형 B의 한 변의 길이) + (정사각형 C의 한 변의 길이)
이므로 18 + 30 = 48입니다.
정사각형 E의 한 변의 길이는
(정사각형 C의 한 변의 길이) + (정사각형 D의 한 변의 길이)
= 30 + 48 = 78입니다.

④ 정사각형 F의 한 변의 길이는
(정사각형 D의 한 변의 길이) + (정사각형 E의 한 변의 길이)
= 48 + 78 = 126입니다.
정사각형 G의 한 변의 길이는
(정사각형 E의 한 변의 길이) + (정사각형 F의 한 변의 길이)
= 78 + 126 = 204입니다.

⑤ 따라서 정사각형 G의 넓이는 204 × 204 = 41616입니다.
(정답)

[정답] 큰 직사각형 지도의 (가로의 길이, 세로의 길이) = (36, 24)

[풀이 과정]

① (그림)과 같이 큰 직사각형 지도의 가로와 세로의 길이를
각각 a, b 라고 둡니다. 큰 직사각형 지도의 둘레가 120이
므로 a × 2 + b × 2 = 120입니다.

② 6개의 초록색 직사각형 땅의 둘레의 합이 262 이 되기 위
해서는 큰 직사각형 지도의 가로의 길이에서 (1 + 4) 를
뺀 값을 4 번 더해야하고 큰 직사각형 지도의 세로의 길이
에서 1을 뺀 값을 6 번 더해야합니다.
따라서 (a - 5) × 4 + (b - 1) × 6 = 262입니다.

③ 위의 두 식 a × 2 + b × 2 = 120 와
(a - 5) × 4 + (b - 1) × 6 = 262 을 이용하여 a와 b
를 구합니다.
(a - 5) × 4 + (b - 1) × 6 = a × 4 - 20 + b × 6 - 6 =
262이므로
a × 4 + b × 6 = 262 + 26 = 288입니다.
a × 2 + b × 2 = 120 에서 양변에 2를 곱하면
a × 4 + b × 4 = 240이므로 a × 4 + b × 6 = 288와
서로 빼면 b × 2 = 48이므로 b = 24입니다.
따라서 a = 120 ÷ 2 - 24 = 36입니다.

④ 큰 직사각형의 가로와 세로의 길이는 각각 36, 24입니다.
(정답)

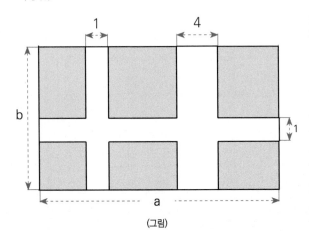

(그림)

5. 단위 넓이의 활용

대표문제1 확인하기 1 .... P. 83

[정답] 288cm²

[풀이 과정]

① (그림)과 같이 정 사각형 ABCD를 크기가 같은 작은 삼각형 32개로 나눕니다. 작은 삼각형 한 개의 넓이는

(정사각형 ABCD의 넓이) ÷ (작은 삼각형의 개수) = 768 ÷ 32 = 24cm²입니다.

② 파란색으로 색칠된 삼각형의 개수는 총 12개입니다.

따라서 파란색으로 색칠된 총 넓이는

(작은 삼각형 한 개의 넓이) × (파란색으로 색칠된 삼각형의 개수) = 24 × 12 = 288cm²입니다. (정답)

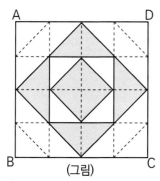

(그림)

대표문제1 확인하기 2 .... P. 83

[정답] 64cm²

[풀이 과정]

① (그림)과 같이 직각이등변삼각형 ABC 을 크기와 모양이 같은 작은 삼각형 8개로 나눕니다.

작은 삼각형 한 개의 넓이는

(직각이등변삼각형 ABC의 넓이) ÷ (작은 삼각형의 개수) = 128÷ 8 = 16cm²입니다.

② 따라서 파란색으로 색칠된 작은 삼각형의 개수는 총 4개이므로 총 넓이는

(작은 삼각형 한 개의 넓이) × (파란색으로 색칠된 작은 삼각형의 개수) = 16 × 4 = 64cm²입니다. (정답)

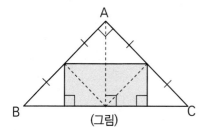

(그림)

대표문제2 확인하기 .... P. 85

[정답] 50cm²

[풀이 과정]

① (그림)과 같이 크기가 다른 정사각형 3개의 빨간색 연장선을 그으면 사각형 ECFG가 만들어집니다. 이 사각형 ECFG의 가로와 세로의 길이는 각각 9cm, 11cm 입니다. 따라서 사각형 ECFG의 넓이는 9 × 11 = 99cm²입니다.

② (그림)에서 사각형 ECFG의 넓이에서 초록색 직각삼각형 3개의 넓이를 합한 값을 빼면 사각형 ABCD의 넓이를 구할 수 있습니다.

삼각형 AEB의 넓이는 1 × 5 ÷ 2 = 2.5cm² ,

삼각형 CFD의 넓이는 9 × 5 ÷ 2 = 22.5cm² ,

삼각형 DGA의 넓이는 6 × 8 ÷ 2 = 24cm²입니다.

따라서 사각형 ABCD의 넓이 = 99 - (2.5 + 22.5 + 24) = 99 - 49 = 50cm²입니다. (정답)

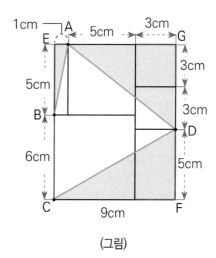

(그림)

연습문제 01 .... P. 86

[정답] 42cm²

[풀이 과정]

① (그림)과 같이 정육각형을 크기와 모양이 같은 작은 삼각형 6개로 나눕니다. 정육각형의 넓이가 84cm²이므로 작은 삼각형 한 개의 넓이는 84 ÷ 6 = 14cm²입니다.

② 파란색으로 색칠된 정삼각형은 크기와 모양이 같은 작은 삼각형 3개로 나누어져 있으므로 이 정삼각형의 넓이는

14 × 3 = 42cm²입니다. (정답)

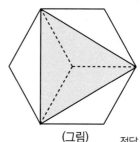

(그림)

연습문제 02 ·· P. 86

[정답] 8cm²

[풀이 과정]

① (그림)과 같이 빨간색 선분을 그으면 정사각형 ABCD를 크기와 모양이 같은 작은 삼각형 8개로 나눌 수 있습니다.

② 파란색 도형의 넓이가 3cm²이므로 작은 삼각형 한 개의 넓이는 1cm²입니다.
따라서 정사각형 ABCD의 넓이는 8cm²입니다. (정답)

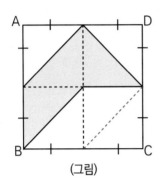

(그림)

연습문제 03 ·· P. 86

[정답] 77cm²

[풀이 과정]

① (그림)와 같이 겹쳐진 부분과 모양과 넓이가 같도록 직사각형과 육각형에 빨간색 선분으로 나눕니다.

② 직사각형과 육각형 안에 총 사각형이 7개 있으므로 이 도형의 전체 넓이는 7 × 11 = 77cm²입니다. (정답)

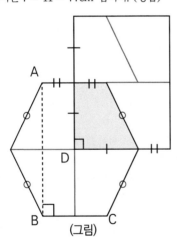

(그림)

연습문제 04 ·· P. 87

[정답] 20cm²

[풀이 과정]

① (그림)과 같이 한 변의 길이가 2cm 인 정사각형 9개를 붙여 선분 AB를 한 변으로 하는 정사각형을 만듭니다.

② 정사각형 ABCD의 넓이는 초록색 직각삼각형 4개와 한 변의 길이가 2cm 인 정사각형의 넓이를 합한 값입니다.

③ 초록색 직각삼각형 한 개의 넓이는 4 × 2 ÷ 2 = 4cm²입니다.
따라서 정사각형 ABCD의 넓이는 4 × 4 + 4 = 20cm²입니다. (정답)

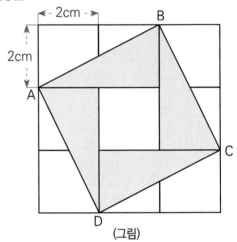

(그림)

연습문제 05 ·· P. 87

[정답] 5배

[풀이 과정]

① 아래의 (그림)과 같이 점선을 이어 (나)의 넓이를 이등분하는 작은 삼각형 한 개의 크기로 (가)를 나눕니다.

② 따라서 (가)의 넓이는 작은 삼각형 10개 이므로 (나)의 넓이의 5배 입니다. (정답)

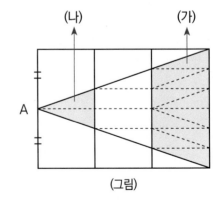

(그림)

[정답] 168cm²

[풀이 과정]

① (그림)과 같이 직사각형 ABCD의 넓이가 320cm²이므로 작은 정사각형 한 개의 넓이는 320 ÷ 20 = 16cm²입니다.

② 각각 정사각형의 합한 값을 반으로 나눠 직각삼각형의 넓이를 구합니다.

③ 따라서 파란색으로 색칠한 부분의 넓이 = (a + b) + c + d + e + (f₁ ~ f₄) = (정사각형 3개의 넓이의 합) ÷ 2 × 2 + (정사각형 4개의 넓이의 합) ÷ 2 + (정사각형 한개의 넓이) ÷ 2 + (정사각형 두개의 넓이) ÷ 2 + (정사각형 한개의 넓이) × 4 = 16 × 3 ÷ 2 × 2 + 16 × 4 ÷ 2 + 16 ÷ 2 + 16 × 2 ÷ 2 + 16 × 4 = 48 + 32 + 8 + 16 + 64 = 168cm²입니다. (정답)

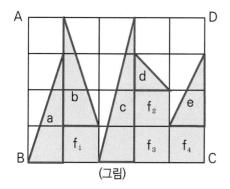

(그림)

[정답] 24cm²

[풀이 과정]

① (그림)과 같이 파란색 사각형을 크기와 모양이 같은 삼각형 2개로 나누면 각각 작은 삼각형의 넓이는 1.5cm²입니다.

② (그림)과 같이 정사각형 ABCD를 넓이가 1.5cm² 인 작은 삼각형로 나누면 총 16개로 쪼갤 수 있습니다. 따라서 정사각형 ABCD의 총 넓이는 1.5 × 16 = 24cm²입니다. (정답)

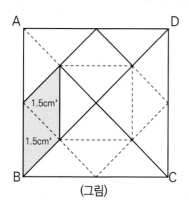

(그림)

[정답] 56cm²

[풀이 과정]

① (그림)에서 사각형 ABCD의 넓이에서 크기와 모양이 같은 직각삼각형 4개의 넓이를 합한 값을 빼면 파란색으로 색칠된 부분의 넓이를 구할 수 있습니다.

② 사각형 ABCD의 넓이는 (삼각형 ABC의 넓이) + (삼각형 ACD의 넓이) = 17 × 8 ÷ 2 + 17 × 8 ÷ 2 = 136cm²입니다.

③ 흰색 직각삼각형 한 개의 넓이는 5 × 8 ÷ 2 = 20cm²입니다.

④ 따라서 파란색으로 색칠된 부분의 넓이는 136 − 20 × 4 = 56cm²입니다. (정답)

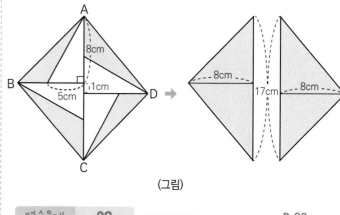

(그림)

[정답] 72cm²

[풀이 과정]

① (그림 1)과 같이 크기와 모양이 같은 작은 삼각형 9개로 나눕니다.

② (그림 2)와 같이 초록색 삼각형은 주황색 삼각형과 크기가 같으므로 옮길 수 있습니다. 아래 (그림 3) 과 같이 삼각형 ABC의 넓이에서 파란색 작은 삼각형 3개의 넓이를 구하면 됩니다.

③ 따라서 파란색으로 색칠된 넓이는 216 × $\frac{3}{9}$ = 72cm²입니다. (정답)

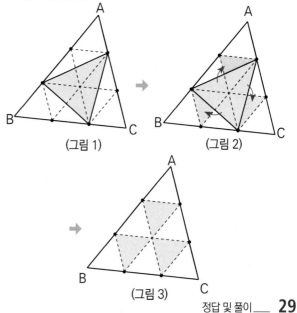

(그림 1)   (그림 2)

(그림 3)

연습문제 10 ·························· P. 89

[정답] $\frac{9}{2}$ 배

[풀이 과정]

① (그림)과 같이 노란색 직각이등변삼각형과 크기와 모양이 같도록 정사각형 (가)와 (나) 를 각각 나눕니다.

② 초록색 정사각형 (가)는 노란색 직각이등변삼각형 4개로 나눠지고 파란색 정사각형 (나)는 노란색 직각이등변삼각형 18개로 나눕니다.
따라서 정사각형 (나)의 넓이는 정사각형 (가)의 넓이의 $\frac{18}{4}$ = $\frac{9}{2}$ 배 입니다. (정답)

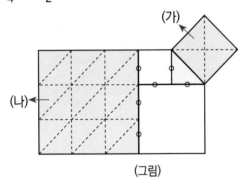

(그림)

심화문제 01 ·························· P. 90

[정답] 5배

[풀이 과정]

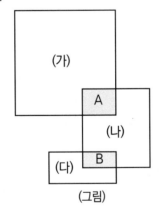

(그림)

① 겹쳐진 넓이 A가 정사각형 (가)넓이의 $\frac{1}{12}$ 이고, 직사각형 (나)넓이의 $\frac{1}{6}$ 이므로 정사각형 (가)와 직사각형 (나)의 넓이의 비는 2 : 1입니다.
정사각형 (가)의 넓이는 직사각형 (나)의 넓이의 2배 입니다.

② 겹쳐진 넓이 B가 직사각형 (나)넓이의 $\frac{1}{10}$ 이고, 직사각형 (다)넓이의 $\frac{1}{4}$ 이므로 직사각형 (나)와 직사각형 (다)넓이의 비는 2.5 : 1입니다.
직사각형 (나)의 넓이는 직사각형 (다)의 넓이의 2.5배 입니다.

③ 직사각형 (나)와 직사각형 (다)의 넓이의 비가 2.5 : 1이므로 정사각형 (가)와 직사각형 (나)넓이의 비에 2.5를 곱하면 2 × 2.5 : 1 = 5 : 1 이 됩니다.
따라서 정사각형 (가)와 직사각형 (다)의 넓이의 비는 5 : 1이므로 정사각형 (가)의 넓이는 직사각형 (다)의 넓이의 5배입니다. (정답)

심화문제 02 ·························· P. 91

[정답] 117cm²

[풀이 과정]

① (그림 1)에서 빗변의 길이가 3cm 인 직각삼각형을 (그림 2)와 같이 각 변을 만나도록 붙이면 한 변의 길이가 3cm 인 정사각형이 됩니다.

② 팔각형의 넓이에서 한 변의 길이가 3cm 인 정사각형의 넓이를 빼면 파란색으로 색칠된 부분의 넓이를 구할 수 있습니다.
따라서 파란색으로 색칠된 넓이는
126 − 3 × 3 = 117cm²입니다. (정답)

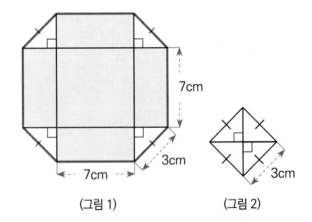

(그림 1)   (그림 2)

[정답]　16cm²

[풀이 과정]

① (그림 1)과 같이 주황색 직각삼각형을 초록색 직각삼각형
　으로 옮겨 붙이면 (그림 2)와 같이 파란색 사각형과 넓이
　가 같은 초록색 사각형 4개가 나옵니다.

② 정사각형 ABCD의 넓이가 80cm²이므로 초록색 사각형 4개의
　넓이와 파란색 사각형 1개의 넓이의 합이 80cm²입니다.
　따라서 파란색 사각형의 넓이는 80 ÷ 5 = 16cm²입니다.
　(정답)

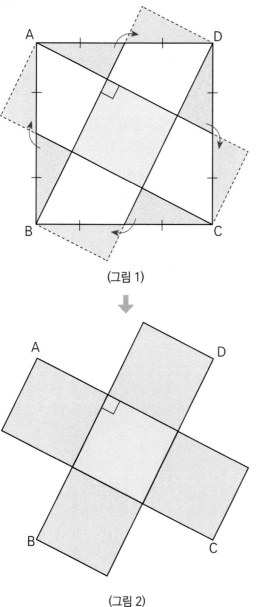

(그림 1)

(그림 2)

[정답]　12cm²

[풀이 과정]

① (그림)과 같이 빨간색 선분으로 연결하면 사각형 4개와
　삼각형 5개로 나눌 수 있습니다.

② 노란색 사각형의 넓이는 정삼각형 6개의 넓이의 합이므로
　6cm²입니다.
　보라색 사각형의 넓이는 정삼각형 4개의 넓이의 합이므로
　4cm²입니다.
　마지막으로 초록색 사각형의 넓이는 정삼각형 2개의 넓이
　의 합이므로 2cm²입니다.

③ 따라서 사각형 ABCD의 넓이
　= (노란색 사각형의 넓이) ÷ 2 + (보라색 사각형의 넓이)
　÷ 2 + (초록색 사각형의 넓이) ÷ 2 × 2 + (파란색 삼각
　형의 넓이) × 5
　= 6 ÷ 2 + 4 ÷ 2 + 2 ÷ 2 × 2 + 1 × 5 = 12cm²입니다. (정답)

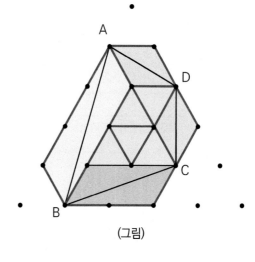

(그림)

[정답] 풀이 과정 참조

[풀이 과정]

① 정삼각형의 개수는 총 25개이므로 가장 큰 삼각형의 총 넓이가 25cm²입니다. 주어진 조건에서 넓이가 20cm² 인 오각형과 육각형을 만들기 위해서 5cm² 의 넓이만큼 빼면 됩니다.

② 따라서 (예시 정답 1)과 (예시 정답 2)와 같이 가장 큰 정삼각형의 총 넓이인 25cm² 에서 주황색의 넓이가 5cm² 를 빼면 파란색 오각형과 파란색 육각형을 각각 만들 수 있습니다.

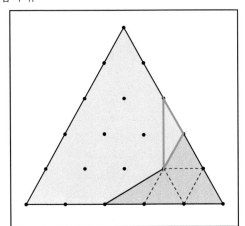

(예시 정답 1) : 오각형

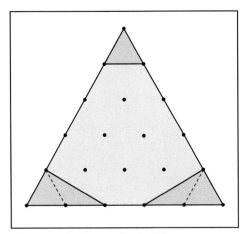

(예시 정답 2) : 육각형

[정답] 62.5cm²

[풀이 과정]

① (그림)과 같이 접힌 종이를 펼쳤을 때, 파란색으로 색칠된 부분의 넓이를 구해야 합니다. 가로와 세로의 길이가 각각 40cm, 20cm 이므로 초록색 삼각형 ABC의 밑변과 높이의 길이는 각각 40cm, 20cm 입니다.

② 파란색으로 색칠된 부분에서 삼각형 ⓐ의 넓이는 가로와 세로의 길이가 각각 10cm 인 삼각형의 넓이의 $\frac{1}{4}$ 입니다.
따라서 삼각형 ⓐ의 넓이는
$(10 \times 10 \div 2) \times \frac{1}{4} = 50 \times \frac{1}{4} = \frac{25}{2}$ cm²입니다.

③ 파란색으로 색칠된 부분에서 삼각형 ⓐ 를 제외한 나머지 사각형 ⓑ의 넓이는 한 변의 길이가 10cm 인 정사각형의 넓이의 $\frac{1}{2}$ 입니다.
따라서 사각형 ⓑ의 넓이는 $(10 \times 10) \times \frac{1}{2} = 50$cm² 입니다.

④ 따라서 파란색으로 색칠된 부분의 넓이는 $\frac{25}{2} + 50 = 62.5$cm²입니다. (정답)

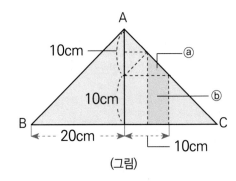

(그림)

창 의 영 재 수 학

아이앤아이

무한상상 교재 활용법

무한상상은 상상이 현실이 되는 차별화된 창의교육을 만들어갑니다.

아이앤아이 시리즈

특목고, 영재교육원 대비서

	아이앤아이 영재들의 수학여행		아이앤아이 꾸러미	아이앤아이 꾸러미 120제	아이앤아이 꾸러미 48제	아이앤아이 꾸러미 과학대회	창의력과학 아이앤아이 I&I
	수학 (단계별 영재교육)		수학, 과학	수학, 과학	수학, 과학	과학	과학
6세~초1	출시 예정	수, 연산, 도형, 측정, 규칙, 문제해결력, 워크북 (7권)					
초 1~3		수와 연산, 도형, 측정, 규칙, 자료와 가능성, 문제해결력, 워크북 (7권)	꾸러미	꾸러미120제	꾸러미 48제 모의고사		
초 3~5		수와 연산, 도형, 측정, 규칙, 자료와 가능성, 문제해결력 (6권)		수학, 과학 (2권)	수학, 과학 (2권)	과학대회	I&I 3.4
초 4~6		수와 연산, 도형, 측정, 규칙, 자료와 가능성, 문제해결력 (6권)	꾸러미	꾸러미120제	꾸러미 48제 모의고사	과학토론 대회, 과학산출물 대회, 발명품 대회 등 대회 출전 노하우	I&I 5
초 6	출시 예정	수와 연산, 도형, 측정, 규칙, 자료와 가능성, 문제해결력 (6권)	꾸러미	꾸러미120제	꾸러미 48제 모의고사		I&I 6
중등			꾸러미	수학, 과학 (2권)	수학, 과학 (2권)	과학대회	물리(상,하), 화학(상,하), 생명과학(상,하), 지구과학(상,하) (8권)
고등						과학토론 대회, 과학산출물 대회, 발명품 대회 등 대회 출전 노하우	